文春文庫

「自分メディア」はこう作る！

ちきりん

文

文庫化によせて

この本は、私が「ちきりん」というペンネームで2005年から書いてきたブログ「Chikirinの日記」の運営記として2014年に出版されました。

当時は、インスタグラムはもちろん、フェイスブックやツイッター、ユーチューブなどもまだ今ほどメジャーな存在ではなく、個人が自由に発信できるツールとしては、ブログが圧倒的な存在感を有していた時代です。

2005年から2014年までの10年間、私もブロガーのひとりとして突然の人気沸騰や炎上騒ぎなどさまざまな経験をしました。一度それらをきちんとまとめておきたいと考えたのが、この本が生まれたきっかけです。

私は現在でもブログを更新しつづけており、今回の文庫化にあたっては、「この機に2014年以降の活動についても追記すべきではないか」という問いが一度は頭をよぎりました。

しかしやはり「修正は必要最低限にとどめ、骨格の内容は更新しない」と決めました。時間がないとか面倒だからといった理由ではなく、本の存在意義と趣旨に鑑み「更新すべきではない」と考えたからです。

そう決断した最大の理由は「2014年当時のブログや、自分メディアを巡る環境、自分が考えていたこと」をしっかりと残していく（伝えていく）ためです。

小さな子供を育てていると、「いつのまにか」すっかり大きくなってしまい、写真やビデオを見直さない限り「2年前はどれくらいの身長だったか」思い出すことができません。

一方、5年に一度しか会わない遠い親戚の子供であれば、「5年前はまだよちよち歩きだったのに！」とか「10年前は私の腰ほどの背丈だった」と、「当時の姿」を明確に思い出せます。これは、5年前、10年前に会った時の記憶が更新されず、そのままとどめられているからです。

私はブログやツイッターといったネット上での発信に加え、自分で出す（セルフパブリッシングの）電子書籍や、出版社から出す本など、複数のメディアを使い分けて自分の考えを伝えています。

この中で他の方式では実現できない、「出版社から紙の本で出す」ことの重要な意義が「時を止められること」です。実は出版書籍には、「時代を凍結保存できるという強み」があるのです。

ブログやツイッターでも、10年前の文章やつぶやきを読むことはできます。しかしこれらは日々更新されているため、「今の文章、今日のつぶやき」と混じりあってしまい、「10年前の思考や日常」を純粋なままとどめておくことができません。

自分の子供の5年前の身長がどれくらいであったか、よくわからなくなってしまうのと同様、日々、私のツイートやブログを読んでいる読者の方は「5年前のちきりんはどんな考えをしていたのか」「10年前はどんなブロガーだったか」を正確に思い出せません。日々更新されているメディアでは、「過去」は常に「今」に浸食されてしまうからです。

ところが紙の本は、よほどでないかぎり改訂されることはありません。大学の教科書として使われるような法律や会計の解説本であれば、制度の変更に伴い何度も改訂される場合があります。しかしビジネス本や小説などは、その大半が「新刊時の時代の常識や、当時の社会の空気、人々の感覚」を前提として書かれ、何年たってもそのまま提供されています。

このため10年ぶりに会った遠い親戚の子の昔の姿がすぐ思い起こせるのと同様、本は「当時の空気、当時のあたりまえ」を鮮明に思い起こさせてくれます。

ビジネスでも小説でも、この、本だけがもつ「過去を過去として伝える力」はとても重要です。今でも数十年前、時には百年以上前に書かれた本を読めば、当時の日本が、世界が、人々がどのような社会に生き、どのように考えていたのか、誰でも知ることができます。

本がブログやSNSのように「止めどなく更新されてしまうメディア」であったら、私たちはもはや「江戸時代」がどんな時代であったのか、「戦前」がどんな社会であったのか、理解できなくなっていることでしょう。

もちろん「今」を知ることのほうが「どんな時代だったのか?」より重要なのであれば、ブログやツイートを見ていただくほうがいいでしょう。でも本が「新しさ」を追求しても、ネットに勝てるはずがありません。本は「今はもう、体感できなくなってしまった時代の感覚」を維持できるという強みをこそ活かすべきなのです。

加えてブログというメディアに関しては、特に2014年あたりの空気感を残しておくことが重要です。というのも、ブログは2003年頃が元年で(私が使っている〝はてな〟という会社がブログサービスを提供しはじめたのが2003年)、2014年というのはそこから約10年が経過した時期だからです。つまりこの本は、いわば「ブログ黎明期からブログ全盛期」の記録なのです。

一方、ユーチューブの広告モデルが一般の人に開放されたのが２０１１年。日本でユーチューバーという言葉が広く使われ始めたのは２０１３年から２０１４年あたりです。

つまりこの本が書かれた２０１４年というのは、ブログというネットメディアがピークを迎えると同時に、今やネット発信のキングとなった動画での発信が舞台に上ってきたまさに「主役交代」のタイミングでした。

そんなタイミングで「日本でもっとも人気のあるブログのひとつ」と言われた「Chikirin の日記」の運営者であった「ちきりん」は、何を考えていたのか。この「当時の記録」を混じりけなく、しかも文庫という形で長く残せることになったのはとてもありがたいし、同時にとても意義深いことだと思っています。

とはいえ、本書は単なる「古い本、過去の本」でもありません。

ひとつは、巻末に掲載したｐｈａさん（ふぁさん）との新たな対談です。ｐｈａさんも私もブログをベースとして活動を始め、今は文筆家となっていますが、過去10年少しの間にネット上の発信がどう変わってきたのか、大変おもしろい意見交換ができました。本文と併せて読んでいただくことで、より多面的に「ブログの時代」「自分メディアの時代」の変化を感じていただけると思います。

もうひとつは、本文にある当時の考えの中にも「これは今の、新しいSNSで発信をする際にも参考になる」と思われる部分も少なくないということです。

世の中には「時間とともに変わってしまうもの」と「時代を超えて残っていくもの」があります。過去を過去として閉じ込めることのできる本だからこそ「何が残り、何は変化していくのか」を読み解く資料として使えるのかもしれません。

このように、このあと始まる「ご挨拶」以降は、基本的にすべて2014年に書かれた文章で、修正を加えたのは（変更になった）ブログのURLや〝てにをは〟的な部分のみです。

だからこの本を読まれた方は、当時の「ちきりん」の考え方や「自分メディア」が持っていたパワーを鮮明に感じていただけると思います。

個人が自由に発信できる時代、自分メディアを創っていける時代は、ブログというツールとともに幕を開けました。今その潮流は、動画や音声、写真やイラストなど様々なツールへと大きく幅を拡げています。その原点ともなったブログ界、最初の10年を覆っていた空気感を、ぜひお楽しみください。

contents

裏を知る篇

『「Chikirinの日記」の育て方』

第三章　自分のメディアへ

【自分と読者のためのルール】

第四章 今、そしてこれから

【読者と向き合う視点】

表を読む 篇

『ベストエントリ20』

GROWTH

CAREER

特別対談 ちきりん×pha

装丁　野中深雪
DTP制作　光邦

「自分メディア」はこう作る！

ご挨拶

はじめまして！　社会派ブロガーの〝ちきりん〟です。

この本は、私が２００５年に書きはじめた「Chikirin の日記」という社会派ブログの運営記と、そのブログの中から選んだベストエントリ集を組み合わせた、「ちきりんブログの裏も表も、これ1冊で丸ごとわかる完全解説本」となっています。

あるとき無名の会社員が〝ちきりん〟などというふざけたペンネームで書き始めた個人ブログは、今や日々数万人の読者が訪れる人気ブログとなりました。月間の読者数は20万人以上で、ちょっとした雑誌と同じレベルにまでなっています。

書き手の私は実名や詳しい経歴を開示せず、取材時の写真撮影でも顔を隠しています。テレビや新聞など大手メディアにもほとんど出ることはありません。そんな立場でありながら、何冊も書籍を出し、企業家から政治家まで、様々な方と対談できるようになりました。

ネットの中では、もしくは、ソーシャルメディアの世界では、それなりに知られている〝ちきりん〟ですが、まだまだご存じない方はたくさんいらっしゃると思います。でも、なんの知名度も後ろ盾もなかったイチ会社員が、コツコツとネット上で発信を続けた結果、日本で最も有名なブログのひとつとなり、「自分メディア」とでも言えるサイトを作ることに成功したと聞けば、「いったい何をすればそんなことが起こるのか?」、関心を持たれる方も多いのではないでしょうか。

本書は前半と後半に分かれています。前半部分の「裏を知る」篇では、私がここまでどうやってブログを育ててきたのか、過去10年間に何が起こり、それぞれの場面において、どんな判断をしてきたのか、これまでほとんど開示してこなかったブログ運営の舞台裏について説明しています。

読んでいただければわかるように、私はかなり意識的に、そして戦略的に自分のブログを育ててきました。本書はノウハウ本ではなく、あくまで10年間の「Chikirinの日記」の舞台裏を綴《つづ》る歴史読み物ではありますが、自身もブログを書いているという人や、これからは自分も個人として発信していきたいと考える人にとっては、何かしらヒントになることもあるはずです。

実はこの「裏を知る」篇の内容は、1年前（２０１３年）に電子書籍『「Chikirinの日記」の育て方』として個人出版したものです。個人出版ですから、執筆はもちろん、編集、校正、表紙のデザインからファイル変換までひとりで手がけており、文章はワードで書き、表紙のデザインはなんとパワーポイントで作りました（29ページ参照）。そんな素人製作の電子書籍でありながら、思いがけず多くの方に読んでいただけたため、今回、文藝春秋より、「紙の本」として改めて出版することになった次第です。

それに加え本書では、後半に「表を読む」篇として、ブログ「Chikirinの日記」の中からベストエントリを選び、掲載しています。総数1500以上もあるエントリの中から、アクセス数やネット上で話題になった度合い（ツイッターやフェイスブックで共有された回数）などを元に、「このエントリを読んでいただければ、『Chikirinの日記』がどんなブログなのか、そして私が何を考えているのか、深く理解していただける」と思えるものを選びました。

エントリは、GROWTH（成長）、CAREER（キャリア）、RELATION（つながり）、EDUCATION（教育）、POLITICS（政治）、BUSINESS（ビジネス）という6分野に分けて掲載しています。すべて、私がブログで頻繁に取り上げる社会派系のジャンルです。

このように本書は、ブログの表舞台にあたるベストエントリと、そのブログを生み出した舞台裏である運営記を1冊にまとめたもので、文字通り1冊で「ちきりんブログの裏も表も理解できる」作りになっています。目次に沿って、最初に「裏を知る」篇を読み、コトの顛末《てんまつ》を理解した上でベストエントリを読んでいただいてもよいし、反対に、まず「表を読む」篇に取り上げられたエントリを先に読み、それがどのように作られてきたものなのか、「裏を知る」篇に戻ってじっくり舞台裏をひもといていただくのもおもしろいでしょう。

文頭に「はじめまして！」と書いたように、この本は、いままで「Chikirin の日記」というブログや、〝ちきりん〟というペンネームをまったく知らなかったという方にも、ぜひ読んでいただければと願っています。

・〝ちきりん〟なんて聞いたこともなかったけれど、無名ブログがブレークし、トップブログとなるまでの経緯や、個人が自身をメディア化するまでの10年分の歩みが1冊でわかるなら、ちょっと読んでみようかなと思われる方、

・ブログの運営記を読みたかったけれど、電子書籍ではなく紙の本を待っていたという方や、ベストエントリを紙の本で読みたかったという方にはもちろん、

・これまでずっとブログを読んでくださっており、家族や友人にも「ちきりんブログ」を紹介したいのだけど、ネットだとなかなか読んでもらえないと思われて

いた方にも、この本は最適です。そんな方はぜひ本書を、ご家族やご友人へのプレゼントとしてご活用ください。「ちきりんっていったい誰？」という疑問への、完璧な回答書としてお使いいただけると思います。

なお、運営記の部分は元々「Chikirin の日記」のファンのために書かれたものなので、今回はブログについてよく知らないという方にもわかりやすくするため、ネット用語には注を付け、文章の一部修正を行うなど編集作業も加えています。

また、「表を読む」篇の各エントリは、本書掲載にあたり趣旨が変わらない範囲で文章を整えています。

ちきりんブログ10年の歩みを、ぜひお楽しみください。

ちきりん

裏を知る 篇

『「Chikirinの日記」の育て方』

第一章

出発点

日記帳からブログへ

ブログではなく日記

私は子供の頃から本を読むのが大好きで、特にファンタジー小説と社会派小説に熱中していました。ファンタジーでは、『海底二万里』『コロボックル物語』『モモ』『メリー・ポピンズ』などに夢中となり、ひとりで何時間も空想の世界に入り浸っていました。社会派小説では、松本清張氏や星新一氏の本を片っ端から読んでいたほか、小学校高学年には山崎豊子さんの『華麗なる一族』を読むほどマセた子供でした。その一方、哲学書や思想書には興味がなく、これまでほとんど読んだことがありません。当時も今も難しい日本語がとても苦手で、まったく読む気になれないのです。後述しますが、このことはブログを書くにあたって、とても有利に働いたと思います。

文章を書くほうも得意で、学校では読書感想文や作文がしばしば入選していました。どちらかといえば、読むよりは書くほうが好きだったと思います。「無人島に1冊だけ本を持っていけるとしたら、何の本を持っていくか」という問いがあります。西欧世界では、あるべき回答は「聖書」ですが、私の答えは今も昔も、「本ではなく、ノートを持っていきたい」です。

また、小さな頃はたしかに読書家でしたが、今は月に2冊も読めば良いほうで、とても読書家とは言えません。勉強するより働くほうが好きな私は、文章に関しても「インプットよりアウトプットのほうがよほど好き」な性格でした。

そんな私が日記を書き始めたきっかけは、小学校5年生の時に高野悦子さんの『二十歳の原点』（新潮社）を読んだことです。この本に感動して、ふたつのことを決めました。ひとつは、大学生になったら一人暮らしをすること、もうひとつが日記を書くことでした。

高野悦子さんは学生運動が激しかった1960年代に立命館大学に進学した学生で、他の若者同様、生き方や恋愛に悩み、20歳で自ら人生の幕を閉じました。彼女の死後、その日記がお父様の手によって出版され、ベストセラーになっていたのです。私は彼女の日記を読み、「日記には、ものすごいパワーがある」と理解しました。特別な偉人でもない一般人の思考の記録、生き方の記録が、これだけ強烈なインパクトを読者に与えるのだということに衝撃を受け、私もすぐに日記を書き始めたのです。

その日記を「Chikirinの日記」として、初めてネット上に公開する形で書きはじめたのが2005年の3月でした。このため私の日記歴は「紙の日記帳に書いていた期間」が25年以上と、現時点で10年近く書いているブログより、さらにまだ2倍以上長い期間にわたっています。時々「ちきりんさんは、ブログネタをどうやって見つけているのですか?」と問われるのですが、私の場合、「日記を書くためにネタを探す」という発想はありません。今日、考えたことを文字にして書き留める。それは私にとって、ご飯を食べるとか、お風呂に入るといったこととほぼ同じくらい自然な日々の習慣なのです。

ブログというものの存在を知ったのは、2004年、カリフォルニアに留学していた知人が書き始めたブログを読んだ時でした。ただ、それまでも個人でホームページを作っている人はいたので、ブログがそれらとどう違うのか、よくわかりませんでした。その翌年、２００５年になると、日本のネット上でもブログという言葉をよく見かけるようになりました。調べてみたところ、ウェブやＩＴの知識・スキルがない人でも、個人のホームページを簡単に作ることができるウェブサービスだとわかりました。

最初は、「本当に私にも書けるくらい簡単なの？」と疑っていましたが、すぐに大量のブログが現れ始めたので、「だったら私にもできるのかも？」と試してみたところ、びっくりするほど簡単で感動した覚えがあります。

紙に書くよりタイピングのほうが早いし、漢字に苦労することもありません。書き間違いもすぐに直せるし、日記帳を保管する物理的なスペースも不要になります。「これはいいかも！」ということで、それまでずっと紙のノートに書いていた日記を、ウェブ上に書くことにしました。このためブログの名前も超シンプルに、「Chikirin の日記」となりました。

日記を公開するということ

書いているのはブログではなく日記だと言っても、このふたつは公開性という点において180度異なります。とはいえ私には「日記を公開する」という経験が、過去にもありました。高校の頃、「統計によると、人口1000人に○人くらいの人が障害を持っているのに、学校や街中でそういう人と会う比率がそれより少ないのはなぜか?」などと日記に書いており、そういった文章の一部を友人らに見せていたのです。大半の友人は「なんでこんな難しいことを考えているの?」という反応で、あまり人気はなかったのですが、当時から「自分が考えたことをみんなに知ってほしい」という気持ちがあったのだと思います。

もちろん誰も見ないことを前提に書いていた時期は、もっとパーソナルなことも赤裸々に書いていました。友人に見せていたのは、それらを除くごく一部の文章です。けれど、この例からもわかるように、昔から私にとって日記とは「今日はこんなことを考えた」という思考の記録であって、「今日は何を食べた。今日はどこに行った。今日は誰と会った」という行動の記録ではありませんでした。身近な街で見聞きしたことや、友人や家族について考えたこと、社会で起こっていることから、自らの進路についてまで、自分がその日に考えたことを記録するのが、私にとっての日記だったのです。

もちろんそれをネット上に公開するとなると、プライバシーやセキュリティ、企業人としての守秘義務の問題など、様々に考えるべきことがでてきます。でもそのことも私は、制約としてではなく「いい機会かも」と捉えました。誰も読まないことを前提に書く文章は、時にあまりに乱暴だし、あまりに赤裸々です。それなのに実際には、絶対に誰も読まないと決まっているわけではありません。事実、私が日記を書くきっかけとなった高野悦子さんの日記は、誰も読まないことを前提に書かれた文章でありながら、何百万人もの人が読むことになったのです。

そう考えると、「誰も読まないという前提で紙に日記を書き続ける」ことより、「誰が読んでも不思議ではないという前提で、ネット上に日記を公開する」ことのほうが、リスクが少ないとさえ感じました。ブログというサービスを知った時、日記をここに書くことにすれば、たとえ自分に万が一のことがあっても、それらの文章が残ることになんの問題もない。誰も傷つけることはない。それに、公開できるレベルの抽象度と言葉で書いたとしても、「自分の考えたこと」の記録は可能だろう。そう思ったのです。このため当時の私の感覚としては、「ブログを書く」というより、「ブログサービスを使って日記を書く」というほうがしっくりくるものでした。

後から気がついたのですが、他の方のブログでは、初日に「はじめまして。◯◯です。ブログを始めました。◯◯や◯◯について、書いていきたいです。よろしくお願いします!」といった挨拶を見ることがあります。でも私には、そういう発想がありませんでした。「はじめまして! よろしくお願いします!」と書く人は、最初から読者の存在を意識しています。けれど自分しか読まない日記を何十年も書いてきた私は、読者に向けて挨拶をするということ自体、思いつきませんでした。ちなみに初日のブログは、当時話題になっていたライブドア社のフジテレビ買収（正確には、フジテレビの親会社であったニッポン放送の株式購入）について書いたもので、当時このエントリを読んだ人の数は、10人にも満たなかっただろうと思います。

同様に、「ブログのランキングに参加しています」「ポチッと押して応援してください」といったボタンを設置することにも違和感がありました。日記にランキングなど不要だし、誰かに応援してもらう必要もないと考えていたからです。

書く場所は紙からネット上に移したけれど、内容的には今までと変わらず「自分が考えたこと」を記録として残すことが目的でした。前述したようなテクニカルなメリットがあり、誰に読まれても困らない、きちんとした文章が残せるというのが、日記帳からブログへ移行した理由です。人気ブログを目指していたわけでもなく、「私の考えたことに興味を持ってくれる人がいたら嬉しいな」という程度に考えて書き始めただけなのに、まさかこんなことになるなんて、本当にびっくりです。

ブログトップ　記事一覧　ログイン　無料ブログ開設

Chikirinの日記

<前の日 | 次の日>

2005-03-05　ホリエモン　ｖｓ　フジテレビ ★34★

永田町のおじさん達って、なんで何もわかってないのにいきなり既成勢力側の肩をもつんだろうなー。今何が起こってるのか、わかってるとも思えないんだけど。

トヨタ＆経団連の奥田さんが、"そもそも備えておかない経営者が悪い"と至極まともな発言をされたのを最後にいきなり"空気"が転換、既成勢力の皆さん全員が全員、口を揃えてホリエモンバッシングをはじめました。

ちょっとおかしいでしょ？堀江さんの言うとおり。株を買われたくないなら株式を公開しなければいい。

- メールアドレス公開するなら、スパムリスクに備えましょう！
- 株式公開するなら、買収リスクに備えましょう！

というだけの話。

プロフィール

Chikirin
社会派ブロガー
.（詳細は写真をクリック）

＜他のブログ＞
・ちきりんパーソナル
・ちきりんの愛用品
・将棋の練習記録
・Twitterはこちらです！

＜出版書籍＞
9年間のブログ運営記

（電子書籍のみです）

「未来の働き方」に関するまとめ

2005年3月5日　記念すべき初日のエントリ

ブログ開始にあたって

“はてな”を選んだ理由

ブログを始めるにあたり、どこのサービスを使おうかとあれこれ比較した結果、“はてな”という京都のベンチャー企業が提供しているブログサービスを選びました。他社と比べて画面がシンプルで、文章が読みやすそうだったのと、日付がわかりやすいことが決め手となりました。

ウェブ上には、何年も前の文章が溢れています。「最近は……」で始まるブログが10年前に書かれていることもあるし、「ワードとエクセルの新機能紹介！」というサイトが、いくつも前の古いバージョンの解説をしている場合もあります。

通常、日付は、ビジネス文書なら表紙や右上、本なら奥付、新聞なら上部枠外など、常に決まった場所に書いてあります。ところがネット上の文章にはそういったルールがありません。日付記載のあるページでも、文章の後に小さな文字で記されていたり、年表示を欠き、月日だけの表記であったりします。これは常に、

「この文章はいつ書かれたものなのか？」と「文章と日付」をセットで解釈する私には、耐え難いフラストレーションでした。

そんな中、〝はてな〟のデザインの多くは、左上に大きく年月日が表示されており、大変わかりやすいものでした。また〝はてな〟では、各エントリのURLに、日付がそのまま使われます。たとえば、これは2012年の4月1日に書かれたエントリです→http://d.hatena.ne.jp/Chikirin/20120401――こういうわかりやすいURLは、実はほとんど見かけないのです。

みんな、これが便利だと思わないのでしょうか？　私が2011年の震災の後、どんなエントリを書いていたか知りたければ、URLの日付部分を201103と打ち直せば、あの3月に書いたエントリが一覧で見られます。201304 1を読んだ後、年の表記を2012、2011と変更していけば、毎年のエープリルフール・エントリを読むことができます。最後の4ケタを0815とすれば、終戦記念日に書いたエントリが見つかります。URLを見ただけで、そのエントリが去年のものなのか、10年前のものなのかもわかります。

私にとってこのことはとても重要で、当時〝はてな〟を選んだ理由も、今もまだ〝はてな〟で書き続けている理由も、ほぼこの一点に尽きています。ところが、そんな理由でありながら〝はてな〟を選んだことは、結果としてブログ人気化の大きな要因となりました（詳細は後述します）。

※文庫化時の追加注）〝はてな〟の仕様変更により現在のＵＲＬは https://chikirin.hatenablog.com/entry/20120401 といった形式に変更になりました。また、あわせて年単位等のまとめ表示のＵＲＬも次のように変更になっています。

https://chikirin.hatenablog.com/archive/2019

これ以降、文中のブログＵＲＬはすべて新しい形式に変更して記載します。

独自ドメインにこだわらない

ブログを大きく育てようと考えている人は、〝はてな〟などのブログサービスを使わず、最初から独自ドメインを取得し、サーバーを借りて自分でサイトを構築します。たとえば、今の私のブログのURLは、https://chikirin.hatenablog.com/ですが、独自ドメインなら、https://chikirin.com などとなります。

よく「なぜ独自ドメインを使用しないのか？」と聞かれるのですが、理由は「そうするメリットがよくわからない」からです。検索して調べると、独自ドメインのメリットはたいてい次のように書かれています。

1. 信頼性が高くなる
2. SEO（Search Engine Optimization）対策上、有利である（＝グーグルなど検索エンジンに、上位表示してもらいやすい）
3. シンプルで短いURLにできる
4. サーバーを移行してもドメインの変更が不要
5. 広告が自分でコントロールできる

たしかにビジネスをやっているなら、ドメインも重要でしょう。しかし個人が趣味で書いているブログにおいて、URLがそこまで信頼性に影響するとは思えません。広告のコントロールも、月々数百円の有料プランに入れば可能だし、しかもこれ以上、広告を増やしたいわけでもありません。

一方、独自ドメインを使用すると、ドメイン維持やサーバーのレンタル費用など、今より経費が高くなり、ソフトのアップグレードや新機能への対応、データのバックアップなども、個人で行う必要がでてきます。ウェブやITの知識がない私にとって、それらは（心理的にも手間的にも）決して小さくない負担です。さらに今となっては、多くの人がブックマークやリーダーに登録してくれているURLを変更するだけのメリットは、何も見つけられません。

またSEO対策に関しても、私のブログは特に対策をすることもなくGoogle page rank〝5〟という、非常に高いランクを貰えています（ページランクとは、グーグル様にどれくらい気に入られているかという指標で、個人ブログでページランク＝5なら、それ以上のSEO対策をする必要はありません）。今から振り返っても、「独自ドメインにしておけば、もっと早く人気化したはず」とは思えないのです。

ただし〝はてな〟は今、私が使っている〝はてなダイアリー〟ではなく、〝はてなブログ〟という新しいサービスを始め、そちらをメインサービスとして展開しています。なので、将来のどこかの時点で、私が今使っているURLが使えなくなる可能性はゼロではありません。

でも、そんな先の（起こるか起こらないかも不確かな）ことに今から備えようとも思えません。実は、ドメインの http://chikirin.com を使う権利を持っているのも私ではありません（ドメインや商標は、本人でなくても早い者勝ちで取得できます）。どうやら善意の第三者が、他の人にそれらが悪用されないよう、おさえてくださっているようですが、私としてはできるだけ長く、今の場所で書き続けたいと思っています。

※その後、２０１９年に〝はてなダイアリー〟がサービスを停止したため、私のブログも〝はてなブログ〟に移転しました。移転に際しては〝はてな〟技術者の

方が自宅まで来てくださり、移転作業を代行してくださいました。

〝ちきりん〟の由来

ブログサービスとして〝はてな〟を使うと決めた後、ＩＤを決める必要がありました。これはネット上のペンネームのようなもので、当時はハンドルネームとも呼ばれていました。私は、ずっと前にハマっていたダビスタ（ダービースタリオンという競走馬育成ゲーム）で自分の所有馬の名前だった〝ちきりん〟をペンネームとして使うことにしました。

このゲームにはかなり長い期間、熱中し、ゲーム内では何十頭もの馬を育てました。そしてこのゲームでは、自分の馬すべてに異なる名前を付ける必要がありました。最初はスポーツ新聞を買ってきて、ひとつずつそれらしい名前を付けていたのですが、馬の名前は強さには無関係です。なので、そのうち適当に命名するようになりました。〝ちきりん〟もそうやって、適当に付けた馬の名前です。

ところがこの馬がめちゃくちゃ強かったのです（ゲームの中での話です）。Ｇ

1レースを次々と制し、海外の名門レースにも招待されるほどの強さで、自然とレースの回数も多くなるし、勝つことも多くて応援にも力が入ります。私は毎晩のように画面の前で「ちきりん、イケー！」などと叫んでいたわけです。

以来、ゲームでは常に〝ちきりん〟を自分のキャラクターネームとして使うようになりました。ものすごくゲンのいい名前だと思ったからです。そして、この名前で始めたブログも、ここまでに成長しました。今や〝ちきりん〟は私にとって、最強運のキャラ名といえるでしょう。

ところで私は文章内でよく「ちきりんは……」と自称します。自分の固有名詞を一人称として使う文章は子供っぽく、甘えた印象を与えるし、そういった表記を快く思わない読者もいらっしゃると思います。ですが、本人の私がそれを気持ち悪く思わない理由は、〝ちきりん〟が自分ではない、独立したキャラクターだと認識しているからです。これが本名であれば、私もそんな文章は書けません。

自分は〝ちきりん〟自身ではなく、〝ちきりん〟というキャラを運営している担当者だという意識でいるので、「ちきりんが思うに……」といった言い方がでてくるのです。俳優が役名を使い、「半沢直樹はこういう男です」と語るのと同じでしょう。実はこの、自分と〝ちきりん〟の間の距離を意識する感覚が、本書のテーマでもある「ちきりんブログの運営」という概念につながっています。私にとって〝ちきりん〟とは、自称名詞ではなく、自分が運営しているキャラクターの名前なのです。

ネット上での個人情報開示

匿名という選択

ネット上で発信する人について、「実名か匿名か」がよく話題になります。ですが、実名開示にはそれなりのリスクがあるのに、当時も今も私には、実名を開示するメリットが何もありません。ブログを始めた2005年、私は会社員でした。たとえ「ここで書いているのは個人の意見です」と明記しても、所属組織にクレームをつけてくるおせっかいな人は必ずいます。メディア業界やIT企業の社員ならともかく、金融機関や公共組織など、堅い業界に職を持つ人にはリスクが大きすぎます。

その一方、一介の会社員が実名で発信するメリットは、（少なくとも当時は）何もありませんでした。あの頃、実名発信にメリットがあったのは、起業家やフリーランス（自営業）、もしくは芸能人、スポーツ選手、作家、政治家など、「名前を売ることが、自分の仕事や人気につながる人」だけだったでしょう。私の場合、会社員だから個人の名前を売る必要もなかったし、「実名でないと信頼してもらえない」と言われても、そもそもブログの信頼性を上げる必要さえ感じていませんでした。

それに、学歴や職歴、年齢や立場など、書き手個人に関する情報は、「私が考えたこと」（＝メッセージ）を伝えるために役立たないばかりか、むしろ邪魔になります。なんらかのメッセージを聞いた時、「それは誰の発言か？」を気にする人は、まったく同じ発言でも、大企業の社長が言った場合と、アルバイトで生計を立てる若者が言った場合では、その解釈を変える人だからです。

私としては、そんな先入観を持つことなく、ぜひ私の考えたこと、書いたことをそのまま受け止めてほしかった。肩書きによる信用補強がなくても、読む価値がある文章だと思ってもらえるのかどうか、それが知りたかったのです。

最近は実名を使う人も増え、一般の会社員でもネット上にプロフィールや顔写真、日記まで開示するようになりました。そこで専門性や知見を披露すれば、転職に有利になるのかもしれないし、出版や講演の機会、異業種の人との接点も得られるのかもしれません。そういうことが可能になった今の時点で、初めてネット上での発信を始める人なら、実名で活動する意義もそれなりにあるとは思います。ただ私の場合は、今さらそんなことをする必要もありません。匿名・外見非開示のままでも出版や講演ができ、ブログに書いている内容だけで信用も得られています。

ただ、もしやり直せるなら〝ちきりん〟ではなく、山下恵子とか伊藤美緒など、人間らしい名前にしたと思います。そうすれば、匿名か実名かという議論自体に煩《わずら》わされることもなかったでしょう。また、最近は海外の人に会う機会も増えてきたので、ペンネームに〝r〟などという発音が難しい文字を使わなければよかったとは思っています。

実名とペンネームの併用

実名か匿名かに関しては、その後、会社を辞めたタイミングで(会社にクレームが届くというリスクがなくなったため)、もう一度検討しました。しかしこの時も、実名を開示する必要性は見つけられませんでした。

むしろ、ひとりの人間が「実名とペンネーム」を併せて使用し、ふたつのキャラクターを使い分けて活動するのも、おもしろそうだと考えました。人は誰しも多彩な面を持っています。家族の前での自分、友人と会っている時の自分、取引先の人たちに見せている自分、それぞれのキャラクターが異なっていても、不誠実なことではありません。それは、ひた隠しにするほどのことでもないけれど、混ぜる必要もないことです。

文筆家には昔から筆名を使う習慣があり、作品の種類によって異なるペンネームを使い分ける人もいます。さらに、ビジネスパーソンとしての実名と、文筆活動でのペンネームを使い分ける例も、私が最初ではありません。西武グループの経営者であった堤清二氏は、辻井喬《つじいたかし》というペンネームで詩集や小説を発表していたし、今もネット系企業の創業会長が、本名で仕事をしながら、ペンネームでネット上の発信を続けるといった例が見られます。そこでは、ふたりが同一人物かどうかをわざわざ取り沙汰するのは、野暮な行為だとみなされています。

〝ちきりん〟も、「リアルな自分とは別人格」という立ち位置をとることで、その発言や行動には、より高いレベルの自由度が確保できています。ふたつのキャラクターを持つことで、それぞれ異なる分野の人たちに会え、活動範囲も広がるなど、ブランドマネジメント上でもメリットが得られていると感じます。

最近は、誰かと〝ちきりん〟としてお会いしている際、相手の方が私の本名を知りたがることもほとんどなくなりました。反対に、本名で活動している時に

〝ちきりん〟のことを云々されることもありません。

東京では、レストランやホテルで（私的な時間を過ごす）有名人を見かけても、むやみに写真を撮ったり、サインを求めたりする人はほとんどいません。みんな、そういう時にどう振る舞うべきか、よくわかっているからです。同様に「ネット上でペンネームで活動している人と、どのようにつきあうべきか」についても、理解が広まってきていると感じます。

もちろん、ネット上では様々な噂や憶測が乱れ飛び、断定的に「ちきりんは誰々だ！」と叫んでいる人もいますが、私が言及しない限り、どれも噂の範囲を超えられません。執拗《しつよう》に他人のプライバシーを暴露しようとする姿勢は、むしろその人の信用を傷つけるだけです。

会社を辞めた時に、「これからも〝ちきりん〟は経歴を明かさず、本名とのダブルキャラクターで活動する」と決めたことは、今から振り返っても、とても賢い（楽しい）判断だったと思います。また、長年にわたって「オレは〝ちきりん〟の友達だ！」と言いたくなる気持ちを抑え、スマートに振る舞ってくれている友人や知人にも、心から感謝しています。

プライバシーは共有しない

〝ちきりん〟は匿名であることに加え、個人的な情報を開示することもないし、外見が知られるような形でメディアに登場することもありません。これは、プライバシーを公開することのデメリットが、非常に大きいと考えているからです。

ツイッターでは気軽に「結婚していますか?」などの質問を受けますが、私はネット上で10年も活動しています。もしもその間に「未婚→結婚→離婚」といった変化が起こっていたら、どうなるのでしょう?　聞かれるたびに情報を開示していたら、10万人ものフォロワーの方が、私のプライバシーを時系列に把握できることになります。

本名で活動している（かなり名前の売れている）ある知人は、病院の受付で名前を呼ばれた際、周りの人が振り向いたことに背筋が寒くなったと言っていました。家族や自分の健康状態でさえ、不特定多数の人たちに知られてしまう。そんな状況を望ましい（問題ない）と思う人はいないでしょう。顔や名前が多くの人に知られることを目標としている芸能人でさえ、本音では、そんなことまで開示したくはないはずです。ましてや単なるブロガーが、私的な情報を公にする必要などどこにもありません。

外見が広く知られることは、さらに深刻な問題につながります。よくテレビに出ている知人と食事をすると、周りのお客さんや、時には給仕スタッフまでが、チラチラと私たちのテーブルに目を向けてきます（おそらく、耳もダンボになっています）。

また、たとえばユニクロで5着の試着をし、残念ながらひとつも気に入ったものがなかったとしましょう。そんな時でも面が割れていたら「セコイと思われたくない」という気持ちから、不要なものまで買ってしまいそうです。コンビニやスーパーには、ノーメークにボロボロのホームウエアで出かけますが、そんな状況で「あっ！　ちきりんさんですね！」などと呼びかけられる生活は、とても耐えられません。実名も外見も含め、「有名になるなんてまっぴらごめん」というのが本音です。

とはいえ外見まで非開示だと、活動には限界もあります。大規模なイベントにスピーカーやパネリストとして出席することもできないし、新聞やテレビなど既存メディアも、そういう人をほとんど起用しません。なので、大手メディアでの露出を得たい人や、活動の幅をどんどん広げていきたい人には、匿名・外見非開示という方針は向きません。でも私の場合、テレビに出たいわけでも有名になりたいわけでもありません。むしろプライバシーを維持することをとても重要だと考えているため、今後も個人生活を「数十万もの、見も知らない読者」と共有するつもりはまったくありません。

初期のブログ

牧歌的だった無名ブログ時代

いきなりネット上に文章を書き始めても、読んでくれる人はほとんどいません。

でも日記帳なんて、自分以外は誰も読まないのが当たり前なので、ブログを始めて5人でも10人でも、読者が現れたこと自体にびっくりしました。おそらく最初の1年くらいは、日に50ＰＶ（ＰＶ＝ページビュー、ページの閲覧数）、月に1500ＰＶ程度で、うち10名くらいが固定読者という感じでした。これは、芸能人でもない普通の人が初めてブログを書く場合の、ごく平均的なページビューだと思います（なお現在のＰＶは毎日3万ＰＶから、時には10万ＰＶを超えています）。

当時、数少ない固定読者の方々は頻繁にコメントを書き込んでくださり、私もこまめに返事をしていました。「Chikirinの日記」にとって牧歌的な古き良き時代であり、そのころは熱心な読者とオフ会（ブロガーと読者の交流会や飲み会）もしていて、年末に鍋を囲んだことも懐かしい思い出です。また当時は、何気ない日常生活の様子も混ぜて書いていたため、読者の方にとっては、より身近に感じられるブログだったと思います（現在はそういった日常生活のシーンについてはブログではなく、ツイッターで発信しています）。

さらに内容も今よりずっと無防備でした。読んでいる人数が少なく、ツイッターなどソーシャルネットワーキングサービス（SNS）がまだ流行《はや》っていなかったため、炎上の可能性も低かったからです。時々、バイト先での悪ふざけをネット上に流して問題になる若者がいますが、私は彼らを非難したり、笑ったりする気にはなれません。既に削除してしまいましたが、当時は私も学生時代の品行不良な経験や、個人の資産運用の結果、昔のバイト先の様子など、ネット上に開示すべきではないことをあれこれと書いていました。

また、当時はテレビでしか見ることのない有名人についても、好き勝手にコメントしていました。今はどんなに有名な人でも「実際に会う可能性がゼロではない」と思えて、気軽には書けません。何かの事件が起こり、逮捕された段階でエントリを書いて、あとから冤罪《えんざい》だと判明したこともあれば、実際に犯罪が行われていた場合においても、その人が刑期を終え、罪を償った後にまで、自分がその事件について書いた文章が残ることの意味も、理解していませんでした。

私のブログは、最初の3年間ほどはまったく注目されておらず、2005年に書き始め、人気化したのが2008年から2010年にかけてです。ちょうどその頃ツイッターが流行し、情報の拡散スピードが格段に速くなりました。そのタイミングで私は初めて、「ネット上に個人的な思索の結果を公開することの意味」を理解しました。「公開することの意味」の中には、リスクとリターンの両方が含まれます。ネット上で積極的に発信することで、これまでなら想像もできなかった大きなチャンスが生まれてきたと同時に、「ものすごく大きなリスクもある」と理解したのです。

ネットの最先端ユーザーは、私より数年早くブログを書き始めており、影響力のあるブロガーをアルファブロガーと称し、認定する試みも始まっていました。でも、まだ10人ほどしか固定読者のいなかった私には、それらも無縁の世界でした。あまり注目されていない時期が3年もあり、その後も1年半くらいかけて徐々に人気が出たからこそ、ウェブの世界に疎《うと》い私にも「ネット上でのお作法」を勉強する時間の余裕があったのです。このことは、いま考えても本当にラッキーだったと思います。

メッセージを伝える

ひとつのエントリを書く時間は、文章だけなら30分。パワーポイントで図表を作ったり、掲載写真の修正をしたりする場合は、それぞれの作業に30分以上かかることもあり、合計すれば、1時間以上かけて書いています。

また「Chikirinの日記」には、「ひとつのエントリでは、ひとつのメッセージだけを伝える」というポリシーがあります。なので、少々文章が長くても、もしくは、複数の事例を紹介していても、伝えたいメッセージは（1エントリにつき）ひとつだけです。

ブログを書く時も、「何を書くか」ではなく、「今日は何を伝えようか」が最初に決まります。それは、誰かと話している時や、本や雑誌を読んでいる時、ネットで遊んでいる時、さらにはお風呂に入っている時や電車の中でぼーっとしている時などに、いきなり「あっ、コレを伝えたい！」と突発的に浮かびます。一日に何個も伝えたいメッセージが浮かんだ日は、ブログの下書き機能を使ってメモしておきます。反対に何も浮かばない日は、そのリストを見ながら書くエントリを選びます。

本を読んでいる最中に、「これはぜひ、みんなに伝えたい！」と思えるメッセージが頭に浮かぶと、その本の紹介エントリを書くことになるし、1冊の本の中で、「これを言いたい！」「この点も伝えたい‼」と複数のメッセージが浮かべば、（メッセージごとに）別のエントリを書き、何日かに分けて1冊の本を紹介します。つまりブログの起点は、「これについて書く」とか「この本を紹介する」ではなく、「このことを伝えたい！」というメッセージの発生なのです。

伝えたいメッセージが決まれば、それをわかりやすく伝えるための論理構成を考え、使えそうな事例やデータをネットで探します。そのプロセスを分解すると次のようになりますが、頭を使うのは2だけで、1はひらめき、3は作業、4は技術です。

1. 伝えたいメッセージが決まる（浮かぶ）＝ひらめき
2. そのメッセージを伝えるための論理構成を決める＝思考
3. 文章に必要な材料（情報）を集める＝作業
4. わかりやすく文章化する＝技術

3の作業については、グーグル先生のおかげで本当にラクになりました。政府の統計資料の大半が、表計算ソフトにダウンロードできるようになったこともすばらしいです。

4の「文章化する」に関しては、読者の方から（やたらと良いほうに）誤解されていると感じます。私の文章は、平易でわかりやすいかもしれませんが、決して「きれいで正しい日本語」ではありません。誤字脱字だけでなく、単語の誤用も多いし、「とか」を本来の意味以外でも多用し、「マジなのか」や「ひょえー！」など、辞書には載っていない言葉も頻繁にでてきます。

イメージしているのは、「飲み会で、友達に伝えたいことを一生懸命に話している私の声を書き起こした文章」なので、口語文の文章化であり、教科書的な意味での正しい日本語で書くことには、こだわりさえ持っていません。

このことからわかるのは、2番目に挙げた「メッセージを伝えるための論理構成を決める」という思考部分の重要性です。私の文章がわかりやすいと言っていただけるのは、ここがしっかりしているからだと思います。だからこそ、このプロセスにだけは頭を使う必要があるのです。

さらにもうひとつ気にしているのは、なめらかに発音(発声)できる文章を書くことです。書籍もブログも、最後には必ず音読し、スラスラ読めるよう「てにをは」や語彙《ごい》を整えます。中身がわかっている自分がスムーズに音読できなければ、中身を知らない読者にとっては極めて読みにくい(つっかかりの多い)文章になってしまいます。

また、自分で音読し、その音を耳から脳に伝えた時に楽しくなれるような文章、ワクワクできたり、クスッと笑えたりする、そういう文章が読み手にとっても楽しい文章だろうと思っているので、最近は特にリズム感よく読める文章を心がけています。

第二章　ブレーク！

最初の転換点　ネットの有名人へ

〝はてブ〟で突然のブレーク！

2008年の半ば、「Chikirin の日記」は大きな転換点を迎えました。ブログを書き始めてから3年ほどたった頃、〝はてブ〟もしくは〝ブクマ〟と略される〝はてなブックマーク〟が、大量に付けられるようになり、それにつれてブログへのアクセス数も急増したのです（はてなブックマークとは、ウェブ上の特定ページに各読者が付けたブックマークやコメントを他の人と共有するサービスで、みんなが付けたコメントを一覧にして見ることができます）。

最初に注目されたエントリは、2007年末に書いた伊勢神宮の式年遷宮に関するエントリでした（文中に登場するエントリのURLは192ページ参照）。年末に書いたこのエントリは、お正月休みに「伊勢神宮」で検索をかける人が多かったことから発見され、〝ブクマ〟で批判されることでアクセスが集中しました。私が式年遷宮について無知だったことと、伊勢神宮の資金の大きさについてやや砕けた調子で書いたことが、右のほうにいる人たちを怒らせたのです。この一件で、「思想に関わるエントリを検索されやすい時期に書くと、注目を集めるのね」と、理解しました。

その次は4ヶ月後、今度はテレビの討論番組「朝まで生テレビ！」で議論されたトピックについて書いたエントリが、さらに多くの〝ブクマ〟を集め、前回同様、批判コメントとともにアクセスが急増しました。こちらは、影響力のあるテレビ番組の話題に触れたことと、トピックが（ネットのアクティブユーザーが大好きな）弱者と強者に関わるものだったため、注目されたのでしょう。

この後、2008年の夏頃から、有名な目利きブックマーカーのひとりが、私のエントリに毎日ブクマを付け始めました。彼はおそらく、「このブログに注目すべき」と他の人に伝えるため、連日ブックマークを付けたのだと思います。それにより、次第に他のブックマーカーからも注目され、私のエントリには毎日のように数百もの〝ブクマ〟が付けられるようになりました。

このように個人ブログがブレークするには、ソーシャルネットワークパワー、すなわち、ネット上で強力な口コミ力を持つ人や、人気のウェブサービスに選ばれる必要があります。しかも勢いのある口コミサービスは数年ごとに変わっていくので、自分のブログの発展タイミングと、強い口コミ力を持つウェブサービスとのマッチングが、ブログの命運を左右します。

当時のはてなブックマークは、〝はてな〟の目玉サービスとして多くのアクティブユーザーを抱えており、ツイッターが普及するまでの間、日本で最もパワフルなネット上の口コミサービスでした。そしてその時期に私は、彼らに見つけてもらいやすい〝はてな〟でブログを書いていたのです。ここで注目されたからこそ、有名なブロガーから次々と(多くは批判的に、ですが)言及されるようになったし、さらにはヤフーのような、超メジャーなサイトまでが、リンクを張ってくれるようになりました。

さらにその後はツイッターの伝播《でんぱ》力が急拡大し、ツイッター上でフォロワーの多い、影響力の大きな人に気に入られるかどうかが、極めて重要となりました。ネット上の記事やブログを選別して紹介する「キュレーション」という概念も流行し、多くの有力ツイッタラーが、お気に入りの記事を積極的にリツイート（共有・拡散）し始めます。ここでも私のブログは格好のネタとなり、瞬く間に、そして広範囲に拡散されました。

このように、最初は〝はてなブックマーク〟で注目され、2段階目として、ツイッターで人気化に加速がつきました。日付が読みやすいというだけの理由で選んだ〝はてな〟が、「Chikirin の日記」ブレークの発端となったのです。散々ネガティブなコメントも付けられましたが、このサービスなしに今の〝ちきりん〟は存在していません。その意味では、日々せっせとブックマークを付けてくださった方々には心から感謝しています。

伝播力と人気のある口コミサービスやSNSは、その後も次々と現れています。そういった「今、最も勢いのあるサービスに選んでもらう方法」を計画的に設計できる人もいるのでしょうが、私も含め、そんな時間もスキルもないブロガーにとっては運がすべてです。

たとえばフェイスブックは実名SNSなので、「自分のリアルな知人に知らせたい、意義のある話」が、より積極的に拡散されます。ちょっとエロいけど、ちょっとドギツイけどおもしろい、という話題より、働き方や生き方を見直すために役立つ（と思える）辛口の文章が好まれるという点で、ツイッターとは大きく異なるのです。

こういった傾向のあるフェイスブックがパワーを持ち始めた時、私はもはや「どこの馬の骨かもわからない匿名ブロガー」ではなく、「思考と分析方法に関する10万部のベストセラーを持つ著者」に変わっていました。フェイスブックで人が「友人に紹介したい」と考えた時、躊躇《ちゅうちょ》しなくていいだけの信用力が備わっていたのです。このような自分の立ち位置と、その時に流行っているソーシャルネットワーキングサービスとのマッチングは、計画して実現できるものではありません。時の運といった要素が非常に大きいのです。

なので今から他の人が、「ちきりんが〝はてな〟で人気化したから、自分も〝はてな〟で書こう」と思っても、もはや同じことは起こらないでしょう。今ならむしろネットニュースのキュレーションアプリに選んでもらえるような文章を書くことが重要だろうし、来年には、今はまだ存在しない口コミサービスが力を持っているかもしれません。結局のところコンテンツ製作者にできることは、そんなものに振り回されることなく、自分の書きたいことを書き続ける、ということしかないのです。

怒濤《どとう》のバッシングと炎上コントロール

２００９年に入ると、ブログには１００近いコメントが寄せられ、新しいエントリをアップした数時間後には〝はてなブックマーク〟が数百を超えるようになりました。しかもその半分以上が批判（というか、罵倒）コメントなのです。

この頃大きな注目を集める記事には、いくつかのパターンがありました。たとえば、

・ライフハック系と呼ばれる、生活や自己啓発に役立つノウハウのまとめ記事
・ＩＴやデジタルガジェットに関する情報や技術関連記事

そして、

・強者が弱者をバカにしたり、切り捨てたりしているように見える記事、です。

最初のふたつは、賞賛とともに注目されますが、最後のカテゴリーは、叩かれることで注目される記事で、批判が集中し過ぎると炎上と呼ばれる事態に巻き込まれます。

この頃は、ブログやツイッターなど誰でも使えるツールが普及し始めたことにより、ネット上で発信する人が急増していました。それまでは、ネット上のコミュニティには「ネットが趣味」という人しかいなかったのに、この頃からそれ以外の人（必ずしも「ネットが趣味」ではない人）も大量にネット上で活動を始めたのです。

私を含めリアルな社会に軸足のある人は、ネットの外で話していることを無防備に、そのままネット上に書き込みます。すると、なぜ叩かれるのかわからないような内容でも、批判が押し寄せるのです。たとえば、東京から東北に台風が抜けた時、東京で友人に「台風が通り過ぎてよかったね！」と呟《つぶや》いても誰も怒りませんが、ツイッターで同じことを言えば「台風はまだ東北地方にいる。東北を切り捨てるのか！　東京だけが日本だと思っているのか！　強者の理論だ！」といった批判が巻き起こります。

本人にはなんの悪気もありませんが、ネット上では「強者が弱者を切り捨てている！」という怒りに変換され、「弱者を切り捨てるひどい人間」として叩かれるのです（ただし炎上に参加する多くの人は、本気で怒っているわけではなく、単に炎上やいじめに参加して正義感を振り回したいだけです）。

こういう騒ぎは至るところで起こっており、私がよく書いていた「若者が国に（＝社会福祉に）援助を求めるなんてびっくり！」とか、「農業を補助金漬けにして、なにか明るい未来があるの？」といった論調のエントリも、「弱者切り捨ての事例を見つけてはボコボコに叩きたい！」と待ち構えている人たちを大興奮させました。

そしてその過程で、「Chikirin の日記」へのアクセス数は、月数万から10万PV、30万PV、やがては50万PVと、急速に伸びていったのです。弱者切り捨てに見えるエントリが批判を呼びやすいこと、それを書けば、批判とともに注目度やアクセス数が急増すること……そういったトレンドを意図して利用したことはありません。しかし結果として私のブログは、日々激しいバッシングを受けながらグングン認知度を上げていきました。

第二の転換点　ネットの外へ

会社退職

２０１０年末、長く勤めていた企業を退職しました。退職したことで自由時間が増え、名前やプロフィールなど、身元がバレることのリスクも、大幅に減りました。どこで何を発言しても、それは「ちきりんの意見」であって、特定企業（以前の勤め先）の見解と混同されるリスクはもうありません。

これにより、できることの幅が大きく広がりました。ツイッターも、会社員の間はリスクが大きすぎて手が出せませんでしたが、退職後はすぐに発信を始めました。個人なら、自分の発言には自分で責任をとればよいだけですから、圧倒的に気楽です。

当時、ブログはそれなりに有名になっていましたが、そのことと会社退職の決断にはなんの関係もありません。のちに『未来の働き方を考えよう』（文藝春秋）に書いた通り、私はずっと前から「一生の間に、最低でもふたつの異なる働き方を体験したい」と考えていました。

それまで米国でMBAをとったり、資本主義の最先端を走るグローバル企業で働いたりしていたので、次の何年間かは活気あるアジアの都市で、日本語教師でもしながら暮らすのも楽しそう、などとも考えていました。数年分なら貯金もあるし、アジアなら生活費も安いので何とかなるだろうと思ったのです。

けれど会社を辞めた後、予定を大きく変更しました。後述しますが、退職直後に出版された『ゆるく考えよう』（イースト・プレス）がベストセラーとなり、様々な依頼が殺到するようになったからです。このため当面は、ブログ運営に集中しようと決めました。ちょうどツイッターという新しいツールが爆発的に人気化し始めていたことも、逃してはならないタイミングに思えました。「今、このタイミングは〝ちきりん〟をやるべきだ！」と、半ば直感的に確信したのです。私にとっての重要な「マーケット感覚」だったといえるでしょう。

『ゆるく考えよう』の前と後

ブログが人気化したとはいえ、最初の書籍である『ゆるく考えよう』が出版されるまでは〝ちきりん〟に連絡をしてくるのは、ネットメディアの編集者やネットサイトの運営者ばかりでした。依頼内容も、ネットメディアへの転載や執筆依頼が大半です。ブログが人気化するにつれ、書籍の出版企画も増えましたが、連絡をしてこられる編集者はみんな20代、30代の男性で、私は「出版業界って若い男性しかいないの？」と思っていたほどです。

しかし会社を退職することが決まり、最初の書籍である『ゆるく考えよう』が出版されると、ガラリと状況が変わりました。雑誌や新聞、ラジオから（なんどかはテレビからも）取材や出演の依頼がくるようになり、「本を出しませんか？」

と声をかけてくださる編集者さんにも、女性や40代以降の方が増えました。ブログは知らなかったけれど、紙の本を読んで初めて〝ちきりん〟を知ったという人が現れたのです。

これは「Chikirinの日記」にとって、〝はてなブックマーク〟によってもたらされた第一の転換点に続く、第二の転換点となりました。最初の転換点で起こったのは、ネットの中の世界での人気化でしたが、2番目に起こったのは、ネットの外の世界における認知度の高まりと、読者層の拡大でした。

連絡をしてくる人のタイプが変わったことに気がついた私は、ブログ読者に関しても同じことが起こっているはずと直感しました。この時期までのブログ読者には、ネットで積極的に情報収集をする人、20代、30代の男性、ITやウェブ関係の仕事をしている人が多かったはずです。でも、本を出したことでそれ以外の層でも〝ちきりん〟を知る人が増え、ブログ読者の幅も大きく広がりつつあるはず、と考えたのです。

今ではそんな状況は想像もできないという人もいるでしょうが、私が会社を辞めた2010年でさえ、日本全体でいえば「ブログなどあまり読まない。ネットで読むのはニュースサイトくらいで、主な情報源はテレビや新聞、そして専門誌である」という人はたくさんいました。

会社退職の際に私は、「実は〝ちきりん〟という名前でブログを書いています」と社内で公表したのですが、若い社員の中には「えっ、ちきりんさんだったんですか⁉」と驚く人がたくさんいた一方、年齢層の高い上司のほぼ全員が「ちきりんって誰？」という反応でした。紙の書籍の出版は、そういった人をブログに誘導するための有効な手段になったのです。

ところで、よく誤解されるのですが、私が目指していたのは「ブログで有名になり、本を出すこと」ではありません。むしろその逆で「本を出せば、ブログの読者をもっと増やせるはず」と考えていました。これは今も同じで、私にとっての本丸（＝活動の中心）は、書籍ではなく「Chikirin の日記」というブログサイトなのです。

けれどそのサイトを育てるために必要なことは、もはやこれ以上、ネット上で露出を増やすことではありませんでした。それよりも、リアルな社会でも認知度を上げ、新しいブログ読者を獲得していくべき、そういうタイミングが来たのだと気づかせてくれたのが、『ゆるく考えよう』出版の大きな意義だったと思います。

殺到する依頼

書籍出版のインパクトは、予想を大きく超えるものでした。出版社には大手書店のPOSデータ（リアルタイムの販売データ）が公開されているため、業界にいる人たちは「どの本がどれくらい売れているか」を、正確に把握できます。このため、本の内容や著者の経歴に拘《かか》わらず、売れる著者には執筆依頼が殺到・集中するという傾向がどんどん強まっているのです。

私の場合も、販売データを見て〝ちきりん〟という謎の著者の本がよく売れていると気がついた（ネット上の情報に詳しくなく、ちきりんブログも見たことがなかった）出版社の方が、続々と連絡をしてこられるようになりました。2012年の半ばに、もう新企画は受け付けないと宣言したため今ではかなり減りましたが、それでも過去数年の間に50社近い出版社から書籍出版の企画提案を頂きました。（図表①）

書籍企画以外でも、取材、対談、コラム執筆、講演などの依頼が次々と届きます。献本や、推薦文の依頼もあります。最初はそれらをひとつずつ検討して返事をしていたのですが、次第になんらかの方針や、一定の基準を持って判断しないと「ヤバいことになる！」と感じ始めました。ヤバいの意味は、「このままでは、自分の貴重な人生の時間を他者にかき回され、必ずしも自分が手に入れたいわけではないものに多くの時間を使う羽目になってしまう」という危機感です。

多くの出版社は編集者に、出版数（もしくは部数）の目標数（ノルマ）を課しています。これは、次々に本を出さないと、出版社自体の資金繰りが苦しくなるからです。このため編集者は、ちょっとでも可能性のある人を見つけると「本を出しましょう！」と勧誘しまくります。雑誌やニュースサイトの編集者も、毎月、毎回の誌面を埋めるため、ちょっとでも部数やアクセスが稼げる人には、「取材させてください！！！」「コラムを執筆してください！！！」とメールを送りまくっています。

毎日たくさん届くそういった依頼メールを見ていると、「こんなのに、つきあってはいられない」と強く感じるようになりました。断りのメールを書く時間さえ、もったいないと感じるほどだったのです。

もしも彼らが本当に私の文章を気に入って、何か書いてほしいと考えていたなら（そう思わせるだけのものがあったら）、私もこんな失礼なことは考えません。そうではなく、届く依頼の大半が「とりあえずこの人に頼んでおけば、アクセスが増えるだろう、本が売れるだろう」といった安直なものばかりだから、「断りのメールを書く時間ももったいない」と思えたのです。

誰もかれもが「まずはお時間を頂いてご説明を」と言うので、最初はお会いしていましたが、それも途中で止めてしまいました。みんな言うことがワンパターンで、書籍企画の営業トーク集でも売られているのかと思うほど画一的な話ばか

図表①　書籍執筆の依頼記録

連絡時期	出版社名
2010/6/4	**イースト・プレス（1社目）**
2010/11/9	**ダイヤモンド社（2社目）**
『ゆるく考えよう』出版	
2011/1/27	3社目の出版社
2011/2/3	4社目の出版社
2011/3/9	**大和書房（5社目）**
2011/4/4	6社目の出版社
2011/4/13	7社目の出版社
2011/4/18	8社目の出版社
2011/5/19	**文藝春秋（9社目）**
2011/5/25	10社目の出版社
2011/7/27	11社目の出版社
2011/7/31	12社目の出版社
2011/8/2	13社目の出版社
2011/8/29	14社目の出版社
『自分のアタマで考えよう』出版	
2011/11/1	15社目の出版社
2011/11/4	16社目の出版社
2011/11/15	17社目の出版社
2011/11/15	18社目の出版社
2011/11/18	19社目の出版社
2011/12/1	20社目の出版社
2011/12/14	21社目の出版社
2012/1/10	22社目の出版社
2012/1/23	23社目の出版社
2012/1/25	24社目の出版社
2012/1/27	25社目の出版社
2012/1/27	26社目の出版社
2012/3/5	27社目の出版社
2012/3/21	28社目の出版社
2012/4/9	29社目の出版社
『世界を歩いて考えよう！』出版	
2012/5/24	30社目の出版社
2012/5/24	31社目の出版社
新規の書籍企画の受付停止を宣言	
2012/6/4	32社目の出版社
2012/6/21	33社目の出版社
2012/7/10	34社目の出版社
2012/8/6	35社目の出版社
2012/8/20	36社目の出版社
2012/10/16	37社目の出版社
2012/10/22	38社目の出版社
2013/1/31	39社目の出版社
『未来の働き方を考えよう』出版	
2013/6/28	40社目の出版社
2013/8/6	41社目の出版社
2014/5/14	42社目の出版社
2014/8/6	43社目の出版社

Twitter上での依頼や、雑誌やネットサイトへの執筆依頼は、この表には含まれていません。

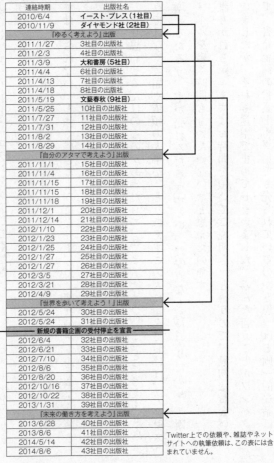

りだったからです。

私にとって最も大事なものは、人生における自由な時間です。やりたいことは山ほどあり、ブログは趣味のひとつにすぎません。有名になりたいわけでもお金を稼ぎたいわけでもなく、自由な時間を確保するために仕事まで辞めたのに、執筆や取材に追いまくられるなんて、とんでもないことです。自分の望んでいる生活を守るためには、勢いに流されず、より意識的に考え、しっかりしたポリシーに基づいてブログ運営をする必要がある。『ゆるく考えよう』出版後、私は真剣にそう考え始めました。

意識的なブログ運営の始まり

ゴールの設定

そんなとき考えたのは、「そもそも私は何が達成したいんだっけ？」というゴール、すなわち、目指すべき姿を明確にすることでした。意思決定のプロセスについては、『自分のアタマで考えよう』（ダイヤモンド社）に詳しく書きましたが、私自身もブログ運営にあたって、そこに書いた通りのプロセスで物事を整理し、決めていきました。まずはゴールを決め、次に、そこに到達する方法を考える、という順番です。

そう考えたとき、私の設定したゴールは、「Chikirin の日記」というサイトを、価値あるメディアに育てたい、というものでした。ここでの（私にとっての）価値あるメディアとは、読者ができるだけ似通っているメディア、すなわち、何らかの共通点を持って、読者が絞り込まれているメディア、という意味です。

たとえば読売新聞は1000万部の発行部数を誇っていますが、その半分の部数にも満たない日本経済新聞のほうが、読者は似通った人に絞り込まれています。

この場合、（私の定義では）日経新聞のほうが〝より価値あるメディア〟と言えます。雑誌でも単なる女性誌より、「30代前後で、おしゃれに関心が高い女性のための雑誌」や「30代で、子育て中の主婦のための雑誌」などと絞り込んだほうが売りやすいですよね。

テレビでも、視聴者の絶対数は地上波のチャンネルのほうが圧倒的に多いですが、ＣＳの専門チャンネルは「旅好きな人のための旅チャンネル」「映画好きな人向けの映画専門チャンネル」「スポーツ専門チャンネル」と細かく分かれており、それぞれが想定視聴者を絞り込んでいます。私が目指したいと考えたのも、やたらと読者が多い地上波テレビ型のブログというよりは、雑誌やＣＳの専門チャンネルのような「想定読者のプロフィールが、細かく絞り込まれているブログ」でした。

その絞り込みの条件は、年齢や性別、職業や社会的立場ではなく、「社会的な事象について考えることが好きか」など、考えることについての姿勢に関するものです。旅チャンネルだって、年齢や性別、職業でなく〝旅が好きな人〟にターゲットしているのだから、こういう条件設定は特殊なものではありません。より具体的には、

・資本主義を信じていて、
・社会的な事象やビジネスに関心があり、

・既成概念を排し、自由かつオープンに考えることに前向きで、
・解を得ることではなく、自分で考えるヒントときっかけを求めている人
・難しい問題を考える時にも深刻になりすぎず、ユーモアを理解できる人
といったところでしょうか。

いいところも悪いところも含め、資本主義を信じていない人には、私のブログを楽しむことはできないでしょう。また、私はいつも考えるきっかけを提示するだけなので、「これが答えです。こうしてください」といった解答や指示を探している人には、「ちきりんは常に言いっぱなしで無責任」と映ってしまうはずです。

最後の「深刻になりすぎない」という条件も重要です。社会的な課題の多くは、ちょっとやそっと考えても結論が出るものではありません。貧困やいじめや差別が完全にゼロの社会なんて、過去にも未来にも存在しないでしょう。そんな現実を前にすべてを深刻に捉え、「理想的な社会以外は一切受け入れられない」。その実現に向けてすべての人が真剣に努力すべき！」と言われたら、多くの人は疲れ

てしまいます。そしてむしろ、思考忌避に向かってしまうでしょう。

どうしようもないこと、理不尽なことも多いけど、楽しいこと、ワクワクできることも多いのが現実の社会です。誰もかれもが「社会に貢献するために生きる！」などと気負う必要はありません。深刻になりすぎず、それぞれの人ができる範囲で考える。私はそれで十分だと思っています。

そこで「Chikirinの日記」を、そういった共通点を持つ人がたくさん集まるサイトに育てたい。そういう人に、できるだけたくさん私のブログを読んでほしい。これが、ブログ運営を行う上で私が目指したいゴールとなりました。

ふたつの判断基準

目指すべきゴールは決まりましたが、「24時間働いてでも（なんとしてでも！）それを達成するぞ」と決意したわけではありません。むしろ「あまり時間をかけずに、そんなサイトにできたらいいな」とゆるく考えていました。私にとってブログを書くことは、ビジネスではありません。アクセス数を増やして広告収入を上げ、ブログの収益で生活したいわけでも、ネットビジネスを始めたいわけでもないのです。

ブログ運営方針の必要性を感じたのは、押し寄せる様々な依頼に個人生活をぐちゃぐちゃにされないためには、きちんとしたポリシーが大切だと考えたからです。そこで、個別の取材や執筆依頼を受けるか否かの判断基準は、次の2点に決めました。

・時間や手間がかからないか

・ブログを読んでほしいと考えている特定の共通点を持つ読者（以下、想定読者）を、どれくらい増やせるか

こうやって判断の基準を明確にすると、どんな依頼がきてもすぐに結論が出せます。

1. 時間も手間もかけずに、想定読者が増やせる企画　＝　引き受ける
2. 時間も手間もかかるが、想定読者がかなり増える企画

＝効果が高いモノのみ引き受ける

3．時間や手間がかかるのに、想定読者が増えない企画＝断る

4．時間や手間はかからないが、想定読者も増えない企画＝断る

たとえば、この頃に私が引き受けた連載は、ビジネスメディア誠（IT Media）というネットメディアへの過去エントリの転載と、共同通信での記事執筆（各地の地方新聞に掲載される）のふたつだけです（現在はそれらに替えて、BLOGOSというブログポータルサイトへの転載を許可しています）。

このふたつは、上記の基準に照らすとどちらも1にあたります。過去エントリの転載は手間がかかりません。また、IT Mediaに提供すれば、他のネットメディアにも転載されます。読者がごく僅《わず》かだった頃に書いた何年も前のエントリが、あちこちのネットメディアに掲載されるのですから、手間がかからないうえにブログの新規読者を増やす効果が高いと考えました。

共同通信から依頼されたコラムは3週間に一度でよく、分量も短かったので、

こちらも手間はかかりません。また地方在住で、日経新聞でも朝日新聞でもなく地方紙を購読する人は、ブロガーとして最もリーチすることが難しい人たちです。そういう人に〝ちきりん〟の名前を知ってもらうことは、新たな想定読者の獲得に大いに役立つと考えました。

一方、ネットメディアからいただく新規コラム連載執筆の依頼の場合、想定読者は「ネットでコラムを読む人」のため、明らかに「Chikirin の日記」の読者とかぶっています。これではブログに新規読者を呼び込む効果が期待できないため、3にあたります。毎週の締切りがあり、限られた人にしか文章が届かないメールマガジンなんて、もってのほかという感じです。

書籍の出版については後述しますが、「時間も手間もかかるが、想定読者がかなり増える」ので、2だと考えました。前述したように『ゆるく考えよう』の出版を機に〝ちきりん〟にアプローチしてくる人の年齢や性別が大きく変わりました。この経験から、「紙の書籍を出せば、今までアクセスできていなかった新たな想定読者にも認知が広がるだろう」と考えたのです。

ブランディングのために

パーソナルブログの分離

アクセス数が100万PVを超えた後すぐに、ブログをふたつに分けました。「Chikirinの日記」から「ちきりん.パーソナル」ブログを分離し、伝えるべきメッセージが特にない日常生活の話や趣味の話はそちらに書くようにしたのです。

この頃、それまで主にテレビや紙媒体で情報を得ていた人が、少しずつネット上での情報消費を拡大し始めていました。また書籍の出版により、〝ちきりん〟という名前が、ネットをあまり見ない人にも知られ始めていました。このふたつが同時に起こったことは、私にとって大きなチャンスでした。このタイミングで情報源を紙媒体からネットにシフトさせてくる人たちこそが、新たに私のブログの読者になってくれると、期待できる人たちだったからです。

そこには若者だけではなく、30代、40代、もっと上の世代もいるはずだし、主婦もいるはず。ビジネスパーソンに関しても、職種は今までの読者より圧倒的に多岐にわたっているはずです。もちろん既存のブログ読者である「20代から30代の男性、ネット系の仕事か技術職」の人たちの中にも、新たな想定読者は存在するでしょう。しかし私は、そういったグループにおける〝ちきりん〟のカバレッジ（認知率）は、もう頭打ちだと感じていました。私のブログが好きか嫌いかは別として、そういう人で「Chikirin の日記」を一度も見たことがないという人は、相当に減ってきているはずなのです。

それゆえ、さらに読者を増やすには、今まで雑誌や新聞、書籍やテレビで情報収集をしていた人たちにこそ、ブログを読んでもらう必要がありました。そんなタイミングで、私の本が広く書店に置かれるようになったのです。書店で本を手にとってもらえれば、そこには「今、最も人気のあるブロガーのひとり」と書かれています。それを見てブログを訪れてくれる新規読者を、いかにリピーター読者に変えていくか。それが、私が取り組むべき課題でした。

そう考えると、本体ブログである「Chikirin の日記」に、韓流ドラマやダイエット記録について書くことは、決して賢い方策ではないとわかります。雑誌の種類の多さ、CS専門チャンネルの多彩さを見ればわかるように、メディアの世界は、成熟すればするほど細分化します。しかし、ネットの世界はまだそこまで分化していません（好きな雑誌の想定読者がわからないという人は少ないと思いますが、好きなブログの想定読者はどんな層かと聞かれても、よくわからないという人が多いはずです）。

今まで紙媒体で情報収集をしていた人たちは、（少なくとも最初は）「自分向きのメディアはどこにあるのか？」という視点で、ネットの中を探索します。初めて見たサイトに見慣れない専門用語が並んでいたり、乱暴な言葉遣いや中傷合戦が行われていたりすれば、二度と訪れてもらえません。また、〝社会派ちきりん〟の書籍を読んでわざわざブログを訪れたのに、その日にたまたま「韓流ドラマがいかに胸キュンか」について滔々《とうとう》と述べられていては、その人をブログのリピーター読者にすることは不可能です。

初めての読者がどの日にブログを見に来ても、「ここここそ自分が読むべきサイトだ！」と感じてもらうためには、「Chikirin の日記」にはいつ見ても、社会的な事象について興味深い論考が載っている。そういう状態にしておく必要がありました。そこで、それ以外の内容を「ちきりんパーソナル」に移すことにしたのです。結果としてブログの分離は、新規読者獲得やブログのブランディング上の効果だけではなく、気兼ねなく日常のあれこれを書ける場所が確保できたという点で、書き手の私にもメリットがあったと思います。

※なお現在は、パーソナルな出来事はツイッターでつぶやいており、ちきりんパーソナルブログはほとんど更新していません。

「そんじゃーね」の大きな意味

今は定番の結びコトバになっている「そんじゃーね」ですが、最初の頃は結語にもバリエーションがありました。「そんじゃーね」のほかに、「また明日」とか「じゃね！」なども使っていたのです。

ところが2009年の4月、ある人が自分のブログを「そんじゃーね」で結び、かつ、その部分をクリックすると、私のブログが表示されるよう、リンクを張ってくれたのです。ちきりんブログの読者であったと思われるこの方は、ちょっとした冗談でそんなことをしたのでしょう。でも、そのブログを読んだ私は衝撃を受けました。「そんじゃーね」という言葉が、「Chikirin の日記」を象徴するアイコン（マーク）として認識されていると気づいたからです。

皆さんご存じのように、強いブランドには、一目で「これはシャネルだ」「コカ・コーラだ」「ポルシェだ」とわかり、そのブランドイメージまで伝えてしまう強力なアイコンがあります。「そんじゃーね」が私のブログへのリンクとして使われているのを見た時、私は「この言葉を見れば、『Chikirin の日記』だとわかる人が出てきた」ことを理解しました。そして「これを利用しない手はない」と考え、それ以降、ブログの結びを「そんじゃーね」に統一したのです。

私がブログの結語を統一すると、他にも次々と「そんじゃーね」を、〝ちきりん〟を示すアイコンとして使用する人が現れました。「そんじゃーねのブログの人」と呼ばれたり、私が話題にしたテーマについて言及する際、ブログの結語を

「そんじゃーね」とする人が増え、この言葉と"ちきりん"の結びつきは、どんどん強固なものとなりました。

こうしたアイコンの効果は絶大です。たまたま何かのリンクから「そんじゃーね」で終わっているブログに辿り着いた人は、最初は「ふざけた終わり方だな」と思う程度です。でも、何日か後にまた「そんじゃーね」で終わるブログを読み、どちらもそれなりにおもしろければ、「このブログは自分に合うかも」と感じ、それがブックマークやリーダーへの登録につながります。でも、そう思ってもらうためには、「あなたが前におもしろいと思ったあのエントリと、今日読んだこのエントリは同じ人が書いているんですよ」と伝える何かが必要となります。特に、他のサイトに転載されたエントリを読んだ読者や、スマホ画面で読んでくれた読者の場合、文章中にわかりやすいアイコンがないと、同じ人が書いたブログだとは気がついてもらえません。

複数のエントリをつなげ、「おもしろい文章を書くブロガーが存在している」と気づいてもらうために、「そんじゃーね」は大きな役割を担いました。ものすごくたくさんのブログがあるなかで、一目で「あれは、ちきりんだ」（他のブロガーではない！）とわかってもらえるアイコンを獲得できたことは、本当にラッキーなことだったのです。

その一方〝ちきりん〟の肩書きはブレ続けています。初期の頃は「バリバリ働くキャリアウーマン」の略で、「バリきゃり・ちきりん」と称していました。でも、もともとゆるく考えるタイプの私には、（たしかに当時はバリバリ働いていたものの）あまりぴったりした肩書きとは思えませんでした。そこで路線を転換し、「おちゃらけ社会派ブロガー」を称するようになりました。こちらはそれなりに定着したと思いますし、「おちゃらけ」と「社会派」というふたつの単語は、私のブログが持つ二面性を巧く表しているとは思います。しかし紙媒体への露出が増えると、この肩書きでは適切でない（ふざけすぎ）と思われるケースも増えてきます。新聞にコラムを書いた時には、先方の要請に応じ、「コラムニスト」という肩書きを使ったこともあります。当時の新聞には「ブロガー」でさえ注釈が必要だと言われたからです。

　会社を辞めた直後に使っていた「働かない人生を謳歌（おうか）している」などの自己紹介フレーズも、3年で4冊も本を出している実態にそぐわないということで使いにくくなっており、自分自身、活動の幅や内容が変わり続ける中で、長く使える肩書きを決め、定着させることはとても難しいと感じます。また、私には書くことに対する職業的な覚悟がないので、「ライター」や「作家」という肩書きは使いたくありません（公的な書類では「文筆業」という言葉を使っています）。

このように、今に至るも「ちきりんとは何者なのか？」ということを一言で表せるキャッチフレーズは見つかっておらず、これは、マーケティング的な観点からみれば、あまり賢い状態ではありません。なにかいい肩書きが見つかるよう、この点については、引き続き検討していきたいと思っています。

第三章 自分のメディアへ

メディア価値を高めるために

Own Media（自分のメディア）はインフラ

前述したように私が目指したのは、「Chikirin の日記」を価値あるメディアに育てることであり、価値あるメディアとは、特定の共通点を持って絞り込まれた読者が集まっている場所、と考えていました。反対にいえば、次のようなことは、私が目指すところではありませんでした。

- ・書き手（ライター、エッセイスト、作家など）として有名になること
- ・自分の文章を、なんの共通点もない人も含め、できるだけ多くの人に読んでもらうこと
- ・ビジネスを成功させること（ブログの収入を最大化すること）

ブログを書く目的は人によってそれぞれです。ライター志望で、書き手として

の自分を売りたいなら、自分のサイトを充実させるより、できるかぎり名の通った有名サイトや一流メディアにコラムを執筆するほうが良いでしょう。なにか強い主張や信念があり、多くの人にその考えを知ってほしい、広めたいという人も、自分のサイトではなくよりメジャーなサイトに書かせてもらったほうが影響力が大きくなります。

また、コンサルタントや会社経営者などで、本業のために名前の認知度を高めたい人も、自分のサイトを育てることに固執する必要はありません。拠点となるサイトはあったほうが良いでしょうが、他のサイトにもどんどん露出したほうが、知名度アップに役立ちます。

ところが私の場合は、ライターになりたいわけでも、本業のプロモーションをしたいわけでもありませんでした。さらにいえば、ブログをむやみに多くの人に読んでもらい、ページビューを最大化することも、目標ではありません。そうではなく、「何かおもしろいことができる、自分の場所を持ちたい」という考えのほうが大きかったのです。

自分が運営する場所（サイト）、自分のメディア（Own Media）を持ち、そこに前述したような共通点を持つ、価値観の似たタイプの読者が多数集まるようになれば、アクセス数が増えて広告料が入るなどというレベルを超えて、様々な新しい（そして楽しい）試みが可能になる。そう確信していました。

実際に最近では、働き方や政治についてアンケートを実施するなど、特定セグメントにおける世論調査のようなことまで可能になりました。1冊の本に関して、決まった時間帯にツイッターで集中的に意見交換をするソーシャルブックリーディング（ネット上の読書会）も盛況です。自分のメディアを持っていることで、講演会などオフラインでのイベント告知も容易だし、自分が勧めたいモノ（考えだけでなく、本や商品、企業など）を強力にプッシュすることもできます。

最近は、自分のやっていることを、「Chikirin の日記」で紹介してほしいという人からの連絡も増えてきました。そういった依頼が舞い込むのは、私が自分自身の判断で発信できる、強力な場を持っているからです。たとえ有力な媒体に連載を持つ売れっ子ライターであっても、今のようなサイトを持っていなかったら、同じような機会が得られたかどうか、甚《はなは》だ疑問に思います。

というのも、コンタクトをしてこられる方々が期待されているのは、「これについて、ぜひ『Chikirinの日記』（という場）で取り上げてほしい！」ということだと感じるからです。これは一般の方も同じで、自分のツイートが「Chikirinの日記」に掲載されたことを喜んでくださる方がたくさんいらっしゃいます。このように、「あそこに載せてもらえたら光栄！」と多くの方が感じてくださる場所を育てることこそが、私の目指すところなのです。

私が、「書籍を出すのもブログへの集客の手段」と考えている理由も、ここから来ています。著作がある、単著があるということは、リアルなビジネスの世界で信用力を得るためには大変役にたちます。けれども本は「コンテンツの塊《かたまり》」であって、「発信できる場所」ではありません。ほとんどの本は出版後１年もたてば、書店では探すのも難しくなります。そんな著作を何冊も持っていることより、毎日何万人もが訪れてくれるサイトを持っているほうが、圧倒的に発信力は高いのです。

自分のサイトを育てることは、将来何か新しいことをやるためのインフラを整備し、維持しておくようなものです。ライターを目指すのでも収益化を目指すのでもなく、「Chikirin の日記」という場所の運営者として、その場所の価値をできるだけ上げていく。これを目標として設定したことは、ちきりん活動の指針の大方を規定する、重要な決断だったと思います。

コメント欄の閉鎖

ブログのアクセス数が一定レベルを超えると、読者と書き手が健全なコミュニケーションをとることが難しくなります。私も、2010年9月にコメント欄を閉じています。ブログの人気が急上昇した2009年の初めから数えて、2年弱というタイミングです。コメント欄を閉じた理由は、批判コメントが多かったからと思われがちですが、それよりも「自分のブログのアクセス数を利用されることを避けるため」、もしくは「自分のサイトを健全な場所として維持管理するため」と言ったほうが適切です。

ネット上には「自分の主張を多くの人に聞いてほしい」と考える人がたくさんいます。そんな時、普通の人は「自分のブログのアクセス数を増やし、広くいろんな人に自分の意見を聞いてもらおう」と考えます。しかし一部の人は「アクセス数の多いページに自分の意見を載せて、たくさんの人に読んでもらおう」と考えるのです。

たとえば、閉鎖前のブログのコメント欄には、特定民族への罵詈雑言《ばりぞうごん》が頻繁に書き込まれるようになっていました。そういうことを書く人の意図は、「ちきりんブログのコメント欄に書き込めば、自分の意見を多くの人に見てもらえる」ということです。「ちきりんさん、このサービスをご存じですか？　すごくいいですよ。URLは……」といったコメントを残していく人も現れました。彼らも、数万人にも上る私のブログ読者の一部が、そのURLをクリックしてくれることを期待していたのでしょう。なかには、18禁サイトや多数のポップアップ画面が現れる迷惑サイトへのリンクもありました。

ある時には、コメント欄で延々と議論を続ける人たち（2名）も現れました。

議論の内容は、もはや私が書いた元エントリとはなんの関係もありません。そんな議論なら自分たちのブログのコメント欄や、もしくはふたりで、メールやメッセージを交換してやればいいわけですが、それでは彼らの議論を、誰も読んでくれません。多くの人が見ているであろう「Chikirin の日記」のコメント欄だからこそ、彼らはその議論が楽しいのです。

このように、アクセスの多いサイトを運営していると、「あの人のアクセス数を、自分の政治宣伝やビジネス、自己顕示のために利用したい」と考える人が、わんさか集まってきます。せっかく育てている自分のブログをそんなことに利用されるのは、私にとって許容し難いことでした。

「コメント欄を閉じるのではなく、コメントを承認制にすればよい」という意見もありましたが、毎日100ものコメントを読み、承認するか否かを決める時間を、私の人生から捻出することは不可能です。承認可否を決めるため、コメントに含まれるURLを私自身がクリックすることのリスクも決して小さくありません。コメント欄の廃止は、「Chikirin の日記」という場所の質を保つために、不可避な決断だったのです。

はてなブックマークとの決別

〝はてなブックマークのコメント一覧ページ〟を非表示にした理由も、まったく同じでした。これらのコメントは、ブックマークをつけた人自身のページと、「Chikirin の日記」からリンクされたページの2カ所に表示されます。このうち後者は、アクセス数の多い私のブログからリンクでつながっているため、非常に多くの人に読まれます。そのためブックマークを付ける人は（自分のページではなくむしろ）、私のブログからリンクされているページに自分のコメントを表示させたいと考えます。

けれど、人権侵害や人格攻撃を数多く含むコメントを、私のブログからリンクされたページに表示し続けていると、他の人はそれを見て、私のブログの質を判断してしまいます。これは、「Chikirin の日記」という場所を良質なサイトにすべく大切に育てていた私にとって、大変迷惑な話でした。

そこで私は、「Chikirin の日記」からリンクされたページには、それらのコメントが表示されないよう設定を変えました。すると、これまで毎日のように汚いコメントを残していた人たちが、ぱったりとやって来なくなったのです。彼らは、「Chikirin の日記」の関連ページという多くの人が見る場所に、自分のコメントを表示させたかっただけなのです。

本来、自分の意見を多くの人に読んでほしいなら、他人のブログを利用せず、自分でその信用（そうできる場所）を作り上げるべきです。コメント欄を非表示にしたことで、私が多様な意見を拒否しているという意見もありますが、それも詭弁《きべん》です。多様な意見を言う場所はネット上、どこにでもあります。自分のブログでも、掲示板でも、ツイッターでもなく、「Chikirin の日記」からリンクされたページに自分の意見を掲載してほしいというのは、私のブログが持っているアクセス数を利用したいと言っているに過ぎません。

ただ、そう思いつつも私には、〝はてなブックマーク〟のコメント一覧を非表示にするまでに、半年ほど逡巡《しゅんじゅん》の期間が必要でした。それは、このサービスこそが「Chikirinの日記」をここまでにしてくれたメインエンジンだということを、誰よりもよく理解していたからです。

〝はてなブックマーク〟を切ることは、「貧しい時代から自分を支えてくれた配偶者に、一方的に離婚を申し出るようなものじゃない？」などと、ぐずぐずと迷っていました。けれど、いつかは別れなければならない相手なら、さっさと別れたほうが両者のためだとも思いました。このことは、（マーケティング上という意味ではなく、心理的な意味で）私にとって、ブログ運営史上、最も難しい判断だったと思います。

自分のメディアを作るための5か条

1．コンテンツを散逸《さんいつ》させない

ライターになりたい場合や、本業のために名前を売りたい場合には、積極的に他メディアからの執筆依頼を受け、できるかぎり露出を増やすほうがいいでしょう。でも、自分のメディア、〝Own Media〟を育てたいなら、そんなことをしては逆効果です。私は今まで、「ネット上にコンテンツを散逸させない」「すべての価値あるコンテンツは、自分のブログに集める」というルールを、かなり厳密に守ってきました。具体的にいえば、他サイトからの執筆の依頼はできるかぎり受けない、と決めていたのです。

紙であれネットであれ他のメディアに、自分のサイトには載らないおもしろい文章を書いてしまったら、読者にとって「Chikirin の日記」は、お古コンテンツの格納場所に見えてしまいます。それではOwn Mediaを育てることはできません。最もおもしろい、最も新しい文章は、常に自分のサイトで発表する、これが原則です。

〝ちきりん〟が今よりずっと知られていなかった頃、有名なビジネスサイトからエントリの転載や執筆の依頼を頂いた時には、それなりに迷いもしました。それらを引き受ければ、アクセスも信用力も、一気にパワーアップできることが確実だったからです。でも、そういうことを始めたら確実に「Chikirin の日記」という場所の価値が下がってしまいます。そう考えて、断り続けました。

唯一、現在エントリを転載している BLOGOS というブログの転載サイトに関しても、そこで初めて私の存在を知った読者が、「Chikirin の日記」本体のリピーター読者となってくれるよう、いろんな工夫をしています。たとえば、BLOGOS への転載期間は半年程度に限っているので、「すべての過去エントリを読みたい」と考えた読者は、オリジナルサイトを訪れてくれます。さらに、続き物のエントリを書くことでも、自サイトに読者を誘導できます。読者アンケートを実施する際、BLOGOS はアンケートだけのエントリを転載しません。このため、集計結果と分析のエントリを読んでから「えっ、こんなアンケートをやっていたの？　自分も参加したかった！」と気がついた読者は、次回から「Chikirin の日記」をチェックしてくれるようになるのです。

その他にも、特定のテーマに関してツイッターで集中的に意見を交わした時には、それらのツイートの引用だけでエントリを構成することもあります。一見すると手抜きと思われがちですが、そうではありません（むしろ多大な手間がかかっています）。

私が何か特定のトピックについて連続ツイートをすると、まとめサイトなどで取り上げられます。そういったツイートのまとめも自分のサイトに掲載すれば、読者は「Chikirinの日記」の中で、それらをすべて楽しむことができます。つまりこれも、「ちきりんに関するコンテンツを散逸させない」ための工夫なのです。

今、多くの人が〝ちきりん〟は「Chikirinの日記」を書いている人だ、と認識しています。これは、書き手より場所のほうが主役であることを示しています。ブログから有名になった人は他にもたくさんいますが、新しくファンになった人が、元のブログ名を知らないというケースはたくさんあるはずです。それに対し、私の場合は常にブログ名と著者名がセットで認知されています。これも早くから「Chikirinの日記」という場所を育てるという目的が明確で、そのために様々な工夫をしてきたからでしょう。もし私がブログではなく個人を売りたいと考え、さまざまなメディアにコンテンツを分散化させていたら、その結果は今とはまったく違ったものになっていたと思います。

2. ネットの中の人にはならない

読者の方には、「ちきりん＝典型的なネットの中の人」のように見えているかもしれません。でもこれまで私は、ネットの中の人だと思われないよう常に意識してきました。たとえば「Chikirin の日記」では、〝オワコン〟とか〝dis る〟〝炎上マーケ〟や〝ステマ〟といった、日常生活では誰も使わないネット用語を、注釈なしに使用することはありません（ここでは敢《あ》えて、それぞれの言葉の意味は説明しませんので、知りたい方はネットで検索してください）。

〝はてな〟という会社名も、自分の友人や家族、仕事仲間から直接に聞いたことが一度もないので、ブログで書く時には必ず「私が使っているブログサービスの会社の名前」だと説明を加えます。プロフィールとして、「社会派ブロガー」「おちゃらけ社会派」などの肩書きを使うことはあっても、「アルファブロガー」と自称したことは、一度もありません。これも、リアルな社会では聞いたことのない言葉だからです。

ネットに関係の薄い仕事をしている人たちは、ネット上だけで使われる言葉や、その流行りを知りません。それなのに、「Chikirinの日記」上にネット用語が溢れていたら、その人たちに「このブログは自分向きのサイトではない」と判断されてしまいます。

ブログの内容についても同じです。ネット上では定期的に「匿名か実名か」といった議論が起こります。またつい最近まで「ノマド的な働き方は有りか無しか」といった論争も盛り上がっていました。ですが、私の知る限りこんな論争は、リアルな社会ではまったく行われていません。ランチタイムの雑談や、会社帰りの飲み会で、こんなことを話題にしている人はいないのです。それなのに、そういったテーマばかり頻繁に取り上げていたら、一般読者の方からは「なぜちきりんは、こんなトピックについて熱心に書いているのか?」と不思議がられてしまいます。それが続けば、「この人はネットの中の人だ。自分たちとは関心分野が違う」と判断されてしまうのです。

ネット上での活動期間が長くなると、「ネットで話題になっていることが、世の中でも話題になっているはず」と思いがちですが、まだまだそんなことはありません。今後、新たに私のブログの読者になってくれる人、つまり、今でも新聞や雑誌、テレビなど既存のメディアのほうが、より身近であるという人たちに疎外感を与えないためには、私自身が「ネットの中の人」に染まってしまわないことが、とても重要なのです。

3．つながる世界でつながらない

ブログが、それ以前に主流であった個人作成のホームページと大きく違っていたのは、トラックバックやパーマリンクを使って、他のブログやサイトと簡単につながれる、という点にありました（トラックバック＝他のブログにリンクを張ると、そのことが相手のブログに通知される仕組み。パーマリンク＝ブログ内の各エントリに割り振られた固有URL。いずれの仕組みも、様々なサイトがつながることに大きく貢献しました）。

これにより、誰かが興味深いエントリを書くと、同じテーマについてブログを書く人が現れ、それを見て、さらにそのテーマについて言及する人が現れる。そうやって、話題の輪がどんどん広がります。ブロガーにとって、こうして盛り上がっている話題の輪に入ることは、アクセス数を増やすための有効な手立てです。このため誰かがネタになりそうな話題を提供すると、すかさず同じ話題についてブログを書く人がたくさん現れます。

ところがそんな中、私はひとりで「つながらないブログ」を書き続けています。これも、ネットの中だけで流行っている遊びには、できるだけ参加したくないというのが、その理由です。私が想定している「ネット内のトレンドに詳しくない読者」にとっては、自分にはよくわからないネタで盛り上がっているブログを読むのは、おもしろくないでしょう。

さらに私は、先方からのご指名（？）があっても、「つながること」を拒否し続けてきました。まだ「Chikirin の日記」がさほど知られていなかった初期の頃から、私よりはるかに有名なブロガーにあれこれ言及されても、まったく反応をしなかったのです。これも、ブログ界の巨匠たち（ネット上の有名人）と絡み過ぎると、どうしても内輪ネタが多くなり、それを知らない人からは、つまらないと思われてしまうからです。

こういった態度は、手っ取り早くブログの認知度を上げ、アクセス数を増やすという観点からみれば、とても馬鹿げたことです。有力ブロガーが自分のブログに言及してくれたなら、本来はすぐさま反論なり返答となるエントリを書くべきで、そうすれば、先方のブログの読者が自分のサイトを訪れてくれます。それなのに私は、有名ブログに言及されても反応ひとつせず、多くのブロガーが同じトピックについて次々とブログを書き、みんなで盛り上がっている傍らで、ひとりで黙々と独自のエントリを書き続けてきました。

それが良かったのか、悪かったのか、今でもよくわかりません。素直にトレンドに乗っていれば、もっと早く人気を得られたような気もします。でも、盛り上がっているから、今日はこのテーマについて書くという行為は、流行っているからミニスカートをはくのと同じで、まったく主体性が感じられません。流行りモノの後追いをして短期的なアクセスを増やすより、自分が最初におもしろいトピックを発信し、他の人が自分を追いかけてくれるほうが、サイトの価値も上がります。

何か盛り上がるトピックがあると、いつも同じようなメンバーが次々と意見を表明する。ちきりんもそのひとりだと思われるのではなく、やたらと盛り上がっていると思ったら、また〝ちきりん〟がネタ元だったと言われるほうが、よほど望ましい。そう考えているので、敢えてネット上の流行りトピックには触らないようにしているのです。とはいえこのポリシーに関しては、インターネットやソーシャルメディアの本質に逆行しているとも言え、私のブログの運営方針の中でも、最も馬鹿げたもののひとつかもしれません。

4．オープンな場所に居続ける

人気ブロガーがメルマガや、ファンを集めたオンラインサロンなどに発信拠点を移す事例が増えています。私もメールマガジンを出しませんかというお誘いを何度か受けましたが、毎回、迷いなく断っています。これからも、メルマガを出したりネット上でのサロン（ファンクラブ的な有料コミュニティ）を主催することはないでしょう。

メルマガ発行やサロン運営をしない理由は「めんどくさいから」という理由も大きいのですが、誰でも読めるオープンな場所にいることを、とても大切だと考えているからでもあります。有料のメルマガやサロンで集められる人数は、誰であってもブログやツイッターなど、無料かつオープンなプラットフォームで集められる人数とは、ケタがひとつかふたつ違ってきます。

たとえ10人にひとりが課金に応じてくれたとしても、読者数は10分の1になってしまう。少数の超熱心なファンと交流する場所より、その10倍の想定読者に自分のメッセージを届けられる場所のほうが、私にとっては重要なのです。

また、読者からお金を貰わないほうが、自由度の高い発信が可能です。広告付きのサイトでは、スポンサーの意向を気にする必要があるが、読者に購読料を払ってもらえば自由に書ける、という人がいます。でも、ずっとマーケティングをやってきた私には、そうも思えません。お金を払ってくれる読者は顧客であり、書き手はその様々な要望を意識せざるを得なくなります。自分の日記なのに読者を喜ばせるために書くなんて、私にはありえません。

メルマガやサロンという仕組みが嫌いなわけではありませんが、私には不要なツールなので、これからも「オープンな場所に居続ける」という方針が変わることはありません。私が望んでいるのは、自分が考えたことを自由に表現したい、それを、価値観を一《いつ》にするたくさんの人に伝えたい、ということだけです。そしてそのためにベストなのは、誰でも無料で読める場所に、文章を開示し続けるということなのです。

5. 信用力を売らない

信用力を売らないことも大事な方針です。ブログの読者は、私を信じてくれています。だからこそ、推薦する本のアマゾンランキングは跳ね上がり、愛用する電気膝掛けを勧めた時には、ひと冬で数千枚もが売れました。リアルな社会でもネット上でも同じですが、信用力は築くにはとても時間がかかるのに、壊れる時は一瞬です。そのため、投資関連企業やマネー誌、世論を二分する賛成・反対論を抱える企業からの取材や執筆依頼は、受けないことにしています。

投資関連企業からの執筆依頼では、「内容はなんでもかまいません。金融商品を勧めてもらう必要もまったくありません」と言われます。でもよく考えてみてください。これまでも、詐欺的だと問題にされた金融関連企業のパンフレットに、政治家や芸能人の取材記事が掲載されていたという事例はたくさんあります。こういった方々も金融商品を勧めているわけではなく、その時々の経済情勢や、公開されたばかりの主演映画について語っているだけです。それでも有名人が掲載されていれば、その会社の信用力は大きく高まります。大臣経験者の写真が載っているサイトは、ちゃんとしたサイトに見え、そこが販売する商品も「間違いのないものだろう」と思えてしまうのです。

でも〝ちきりん〟を信頼してくださっている方に、そういう誤解を与えたくはありません。だからそういったメディアにはけっして露出しないよう、かなり気をつけています。某政党から党首との対談を提案された時も、お断りしました。社会派ブロガーですから、政策に関して是々非々で意見を言うことはありますが、特定の政党に、必要以上に肩入れしたいとは思いません。

こんなふうに書いていると、ものすごくしっかりした考えで運営しているように見えるかもしれませんが、実際のところはそうでもありません。多種多様な依頼が舞い込むので、ひとつずつ迷いながら、判断をしています。その際、「この人たちはなぜ、匿名のブロガーにこんな依頼を送ってくるのか。私になにを期待しているんだろう?」ということが、いくら考えてもわからない場合、つまり相手の意図が見えない場合には、依頼は断ってしまいます。先方の目的がわからない依頼ほど怖いものはないからです。

私には、過去9年の間に「ああいったことは書くべきではなかった」と反省していることがいくつもあります。そういう失敗と反省があるからこそ、よくよく気をつけて、ここまで築いてきた信用を大事にしていきたいと考えているのです。

自分と読者のためのルール

本の紹介

ブログが人気化すると、執筆や取材依頼に加え、様々な商品やサービスの紹介依頼が舞い込みます。一番多いのは新刊書籍を送っていただくことで、月に10冊以上届くこともよくあります。まったく興味のない分野でない限り受け取りますが、最初に「ブログやツイッターで紹介できる可能性はほとんどないので、それでもよければ」とお伝えします。実際、せっかく送っていただいても、紹介できる本はごく僅かです。

というのも、ブログで紹介している書籍の多くが、自分で買ったものだからです。梅原大吾さんの『勝ち続ける意志力』（小学館）や中田宏さんの『政治家の殺し方』（幻冬舎）は書店で見つけて購入し、最近紹介した『クラウドソーシングの衝撃』（比嘉邦彦、井川甲作著／インプレスR＆D）も、電子書籍を購入しました。繰り返し勧めている『ワイルドソウル』（垣根涼介著／新潮文庫）や、山崎豊子氏、星新一氏、池波正太郎氏の小説にいたっては、何年も前からの愛読書です。

自分でお金を出して本を買うことで、「この本には、この価格に見合うだけの価値があるか」という判断も厳しく行えるので、できれば紹介する本は自分で買いたいと思っています。今までに頂いた本の中で、最も売上に貢献できたのはリンダ・グラットン著の『ワーク・シフト』(プレジデント社)でしょう。翻訳本はあまり買わないので、送っていただかなければ読まなかった本だと思います。

最近は「ちきりんに本を送っても、なかなか紹介してもらえない」と理解され始めたからか、冊数は増えなくなりました。また、時々「いくら謝礼を払えばブログで紹介してもらえますか?」といった問い合わせもありますが、「そういうお仕事はしていません」とお答えしています。当たり前のことですが、たいした額でもない紹介謝礼やアフィリエイトの報酬を稼ぐより、「ちきりんが紹介する本は、常にものすごくおもしろい!」という評判を獲得するほうが、圧倒的に価値があるからです。

また、ブロガーに本を贈る編集者（もしくは著者）は、たいていの場合、多数の人気ブロガーに一斉に献本をしています。同時期に複数のブロガーが、特定の新刊本を紹介することが多いのは、そのためです。これも私にとっては、頂いた本の紹介を躊躇してしまう、ひとつの理由となっています。読者の方々は馬鹿ではありません。何人もが同時期にひとつの本を紹介していたら、うさんくさく思われて当然だし、私もそんなブロガーのひとりとは思われたくありません。なので、頂いた本がすばらしく、ぜひ紹介したいと思った時でも、紹介のタイミングは少しずらしたりもしています。

本の中には「こんな内容が1500円で読めるなんて信じられない！」と思えるほど価値のあるものと、「こんなものを1500円で売るとか、ありえないでしょ」と、驚くほど内容の薄いものがあります。価値のバラつきの大きいものほど、紹介価値（目利き価値）が大きいので、これからも「これぞ！」と思える本のみを積極的に紹介していきたいと思います。

企業訪問とタイアップ

起業家の方から、「新しくビジネスを始めたのでブログで紹介してほしい」とか、「ちきりんさんに（ユーザーとして）体験してほしい」という依頼を頂くこともあります。実際に企業を訪問して取材エントリを書くこともあり、いろいろと勉強になっています。

この種の依頼を受けるかどうかを判断するポイントは、（読者へ紹介するメリット云々の前に）まずは私自身がユーザーとして、そのサービスにワクワクできるかどうかです。どんなに有望なビジネスでも、自分がユーザーとして興味を持てないものは、紹介できません。これまでに、靴の通販や野菜のネット直販、クラウドソーシングやオンラインの翻訳サービス、スカイプ英会話学校やファミレスのセントラルキッチンなどを紹介してきましたが、これらはすべて自分が使ってみたいと思えるビジネスでした。

一方、トランクルームやスマホアプリ、ハイヒールのオーダーやヘア・アクセサリーのデザインなど、取材をお断りしたビジネスもあります。私は断捨離派で、トランクルームまで借りて、所有するモノの量を増やすべきではないと考えています。ハイヒールは履かないし、ヘア・アクセサリーなんて20年くらい使ったこともないのです。「モノをトランクルームに預けるくらいなら、まずは家の中を整理して不用品を捨てたほうがいい」とはブログにも書いているのですが、それでも「いつも、ちきりんさんの日記を読んでいます。大ファンです。今度、トランクルーム・ビジネスを始めるのでぜひ紹介してください」といったメールを頂くのはやや残念に思います。

「来月からビジネスを始めるので、先にちきりんさんに体験してほしいです」といった依頼もありますが、まだサービスインしていないビジネスの紹介もしません。サービスが始まってみないと、私自身が価値を感じられるかどうかわからないし、それ以前に、巧く立ち上がるかどうかもわかりません。さらにいえば、「ちきりんさんがプロモーションに協力してくれることが決まっています！」などと、事業開始前から名前を使われてしまう可能性さえでてきます。なので、ブログの読者に紹介するのは、最低でも半年、できれば1年程度はビジネスを継続していることが最低条件です。

また「Chikirin の日記」には、記事広告（タイアップ記事）はほとんどありません。お金を頂いて企業のサービスを紹介したエントリは、タイトルに「ＰＲ」と付けているのですが、そういったエントリは過去10年で10本もないと思います。

その本数からわかるように、タイアップ記事の依頼はほとんど受けておらず、今まで書いたものの大半は知人、友人などコネクション経由での依頼です。もちろん、友人からの紹介であっても、前述した条件を満たさないと依頼を受けることはありません。今後も自分自身が興味を持てる企業を訪問し、紹介することはあるでしょうが、あくまで「私自身がワクワクできるビジネスだけ」を紹介していくことになると思います。

いろんなマイルール

その他にも、ブログ運営上のマイルールを、いろいろと決めています。たとえば、ブログが人気化すると、多数のブロガー宛てに一斉に送られてくる、いわゆるテンプレート・メールが届くようになりますが、こういった一斉送信メールで依頼された案件は、ほぼ受けません。最初は頂いたメールにはできるだけお返事をしていたのですが、こういったメールは一種のスパムなので、最近は返事をしないよう気をつけています。

また、「よほどの大企業でない限り、商品やサービスへのクレームはネットには書かない」とも決めています。レストランや小売店、ネットショップなどでトラブルに遭遇し、嫌な思いをすることは私にもあります。そういう時、個人としてその店にクレームをつけるなり、友人に「あの店はひどかった」と言うことはありますが、〝ちきりん〟としてネット上で文句を書くのは影響が大きすぎるので、どれだけ頭にきても、やらないことに決めています。

また、旅行で利用したホテルやレストランなどについて、フォロワーの方から「どこの店か教えてほしい」と頼まれることもありますが、これもあまりお答えしていません。たしかにそのお店はおいしかったけれど、他にもおいしいお店はあるだろうし、必ずしもすごく応援したいというほどでもなかった、という場合に、数十万もの読者やフォロワーに、固有名詞まで拡散すべきかどうかは、かなり迷います。

過去には、ブログ内で実名を書いている店やホテルもありますが、そうするのは「これは！」と思えるところだけです。世の中の大半の店やホテルは「まあいい感じ」というレベルです。悪くもないし、取り立てていいわけでもありません。そのレベルのお店の名前を拡散することも、あまりしないようにしています。

その他、これは絶対ではないのですが、有料サイトや、全面広告が最初に表示されるメディアサイト、明らかに著作権を侵害しているサイトや、やたらとページ割りが多く読みにくいサイトに関しては、よほど価値のあるコンテンツでない限り、読者やフォロワーを誘導しないようにしています。

私がエントリで特定の動画や記事を取り上げ、ものすごくおもしろいと絶賛したとしましょう。読者の人はそれを見てみたくなります。ところがサイトに行ってみると、登録や会員費を払う必要がある。そういった状況は、避けられるなら避けたいところです。

同様に、自分が対談したりインタビューを受けたりした際の記事を載せる場所も、無料で見られる場所に限定しています。私のインタビューを見たいがために、そのサイトの有料会員になろうと考える読者がたくさんでるとすれば、それは、私がそのサイトの営業支援をしていることに他なりません。自分が応援しているサイトで、それなりのコミットがあるなら、そのこと自体を公にした上で、読者を誘導してもいいでしょう。でもそうでない限り、有料サイトには載らない、というのがポリシーです。

誤解のないように書いておきますが、私はコンテンツに課金するビジネスが嫌いなわけではありません。むしろ一般論としては、多くの人がネットで稼げるようになることを応援しています。ただ、私自身が無意識のうちに特定サイトの営業支援をすることは、避けたいと考えているのです。

第四章　今、そしてこれから

読者と向き合う視点

サイレントマジョリティを意識する

ブログを書く上でいつも意識しているのが、読者にはふたつのタイプの人たちがいるということです。ひとつは「反応をくれる読者」と「サイレントマジョリティを構成している読者」という分け方です。

どのブログでも同じでしょうが、ブログにコメントを残す人はごく一部です。「Chikirinの日記」の人気エントリは10万人以上に読まれますが、たとえ200個のコメントが寄せられたとしても、200人というのは、そのエントリを読んだ人の0・2%、1000人にふたりにすぎません。ツイッターも10万人以上のフォロワーがいますが、定期的にメンションを送ってくれる人は100人未満です。一度だけ反応したことがあるという人を合計しても、せいぜい2000人くらいではないでしょうか（ツイッター上での読書会の反応を除きます）。つまり大半の読者は、私のブログやツイートを読んでも、コメントもメンションも送ってこないのです。

私が常に気にしているのは、そうしたサイレントマジョリティの動向です。彼らの意見は、反応を送ってくる人の意見と同じではありません。むしろ正反対のことさえあるはずです。私自身、他の人のブログにコメントを残した経験がほとんどなく、しかも、そのブログに寄せられている他の人のコメントは、必ずしも私の意見と同じではありません。それと同じことが、自分のブログでも起こっているはずです。だから、コメントやツイッターでの反応には過剰対応しないよう気をつけています。

多くの場合、反応を返してくれる人たちは熱心でコアな読者であり、強い主張を持っているので、それだけに反応していると、どんどん狭く深く、枝葉末節に入り込むことになります。そしてそれらにひとつひとつ対応していたら、大半の読者であるサイレントマジョリティにとっては、不可思議な（興味を持てない）方向に進んで行ってしまうのです。

サイレントマジョリティを構成する人たちは、文字通り何も言ってきてはくれないので、その意向を理解するにはアクセス数の推移を見るしかありません。そのためには、特に話題になったわけでもない（＝ソーシャルメディアに取り上げられたわけではない）通常エントリのページビュー（PV）が重要です。

SNSで話題になったエントリが多ければ、月間のPVは急伸します。でも私はよく、ものすごく盛り上がったこのエントリがなかったら、今月のPVはどれくらいだったのかということを計算します。それが、とりたてて反応はしないけれど、継続的にブログを訪れ、ずっと読んでくれているリピーター読者の数であり、ブログの影響力を支える基礎体力とでも言うべき数字だからです。

「おもしろいエントリ」から「おもしろいブログ」へ

読者のタイプには、別の分け方もあります。それは、「エントリを読みに来る人」と「ちきりんブログを読みに来る人」という分け方です。前者は、ソーシャルメディアに取り上げられた話題のエントリや、炎上気味のエントリだけを読みに来る読者で、後者は「今日は、ちきりんは何を書いているのだろう？」という意識で、継続的に訪れてくれる読者です。

もちろん後者を増やしたいのですが、ここで重要なのが、前者から後者へ、少しでも多くの人に移行してもらうことです。普通の店と同じように、セールの時に来た客に、いかに常連客になってもらうか。繁盛店はそれが上手です。

ブログの場合は、何かのきっかけで通常の何倍ものアクセスがあった場合、その翌日に何を書くかが鍵となります。なぜなら、昨日たまたま来てくれた人の一部は、「今日もブログを再訪してくれる可能性が高いからです。それに備え、大きく注目された翌日こそ「昨日よりおもしろい何か」を書いておけば、再訪してくれた人に対して、一気に「このブログはおもしろい！」と印象付けられます。

そうやって、「たまたまひとつのエントリを読みに来た人」を「継続的にちきりんブログを読みに来る人」に変えることが、固定読者を増やす鍵です。そのため私もヒットエントリがでた翌日は、なんとかそれを超える価値のあるエントリを書こうと頑張りました。２回続けて「おもしろい！」と思われたら、非常に高い確率で、ブログのファンになってもらえるからです。

実は、ひとつのエントリが何かのきっかけで突然、大量のアクセスを集めるという事態は、案外、多くの人に起こっています。最近は私も、他のブログに大量のアクセスを呼び込める紹介側ブログのひとつになりました。内容がおもしろければ、無名のサイトでも紹介します。ところがそういうサイトを翌日に再訪すると、「ちきりんさんに紹介されて、こんなにアクセスが増えました！」と書いてあったりします。

これは本当にもったいないです。嬉しい気持ちはわかりますが、そこで踏ん張って「もうひとつ、めっちゃおもしろいエントリ」を続けて書けば、リピーター読者を獲得できるのに、といつも思います。私がそのサイトを再訪している理由だって、私への感謝文が読みたいからではなく、「昨日以上におもしろいエントリが読めるかな？」と期待してのことです。それなのに、昨日の余韻に浸っているようなエントリを書いていては、「この人は偶然、昨日のエントリがヒットしただけなんだな」と確認されて終わりです。

大事なのは、その突発的なアクセス流入を、固定客に変換するための取り組みです。レストランが、「この店のハンバーグがおいしい！」とテレビや雑誌に取り上げられたら、喜んでばかりいないで、他のメニューも頑張るべきなのです。そうすれば「ハンバーグがおいしい店」から、「何を食べてもおいしい店」に昇格できます。「我が店のハンバーグがテレビで取り上げられました！」などという張り紙をすることしか思いつかないようでは、人気が長続きすることはありません。さらに最悪なのは、その後、おいしい料理を出すことより、どうすればもう一度、テレビや雑誌に取り上げてもらえるのか、そんなことばかり考える店になってしまうことです。

ブログでも同じです。一度、注目されたエントリがあると、同じようなタイプのエントリばかり書き始める人がいますが、基礎体力をつけず、カンフル剤ばかり打っていては体がもちません。特に、最初はきちんとしたテーマや伝えたいメッセージがあったのに、次第に、アクセス数が手軽に稼げるワイドショーネタや有名人叩きばかりが増えていくブログを見ると、複雑な気持ちになります。そんなネタを好む読者ばかりを集め、サイトの価値を毀損《きそん》してまでアクセスを増やして、いったい何を目指すというのでしょう?

つながる危険と可能性

ツイッターでのお作法

ブログの読者を増やす上で、ツイッターはとてもパワフルなツールです。ブログの更新情報を流せば多くの人がリツイートしてくれ、「Chikirinの日記」をまったく知らない人にまで、広く情報が届きます。

長く更新を続けているブロガーにとっては、過去エントリの再紹介が簡単かつ自然にできることも大きな利点です。ブログへの反応もわかるし、簡単な質疑応答もできます。ブログ更新直後に誤字脱字のご指摘を頂くことも多く、事実上の「ツイッター校正」が行われているとも感じます。

様々なメリットがあるツイッターですが、その利便性、カジュアル性から失敗も多くなりがちなので気を遣います。特に、言葉遣いには気をつけています。下品で乱暴な言葉を使っていると、リアルな社会とのつながりを逃してしまうからです。

まともな人は、「うるせえんだよ、ババア」などと呟いている人に、実際に会いたいとは思いません。知人が「フェイスブックで礼儀正しく話しかけてくる人が、ツイッターではものすごく乱暴な言葉遣いをしていて驚き、フェイスブックでも友達関係を止めた」と言っていましたが、その気持ちはよくわかります。

私も、おかしな人とはできるだけ関わりたくないので、貰ったツイートに返事をする際、もしくは、リツイートしようと思った際には、必ずその人の過去の呟き（私に送られているわけではない呟き）を確認します。それを見て、こういう人とは関わり合いになりたくないと判断したら、返事もリツイートもしません。

また、現実社会なら話をしないだろうと思う人は、遠慮なくブロックやミュートをします。私に対してではなく、他の人に対して（ツイッター上で）とんでもない悪態をついている人も同様です。それはリアルな街の中で、誰かに対して理不尽なクレームをつけたり、乱暴な言葉で悪態をついたりしている人を見た時と同じです。たとえ攻撃されているのが私ではなくとも、そんな人と関わりたくはありません。

「フォロワーの少ない人をやり込めない」ことも肝に銘じています。ある日、インターネット学習の進化と普及により、今後、学校に通う意義は低くなるだろうと呟いたら、「ちきりんさんは、中学校でリアルな社会を学んだことが今につながっているとブログに書いていましたよね？　そのブログと、今の発言は矛盾しないのでしょうか？」と質問されました。完全に善意の質問なのですが、こういった質問に答えるべきかどうか、これはけっこう難しい判断です。そして私は多くの場合、こういうツイートには答えません。

質問をした方がご存じかどうかわかりませんが、私が中学生だったのは30年以上も前の話です。「ネットどころかケータイもなかった30年前に中学校で学んだことが役にたった」という話と、「インターネットがここまで普及した今の時代以降、学校の価値は低くなるだろう」という予想は、私の中ではまったく矛盾しません。数十年もたてば世の中は大きく変わり、同じものでも社会的な意義が変化するのはごく自然なことです。

でも、これをわかりやすく説明しようと思えば、私は質問者に対して、最低でも3つはツイートを送る必要があります。途中で先方から追加質問があれば、それへの対応も必要になります。そしてそのやり取りを、数十万人を超えるフォロワーが注視するのです。これは、（多くの場合）数十人から数百人しかフォロワーのいない質問者にとっては、非常に荷の重い（リスクの大きな）やり取りになります。

それだけのツイートを送れば、私がどんなに言葉に気をつけても「ちきりんが一般人をやり込めている」という印象を与えてしまうし、横から「頭の悪い奴だな、ちきりんさんの言っていることがわからないのか？」などと、質問者に対して直接ツイートを送る人もでてきます。

私が反応しなければ、質問者は（無視されたことを）不満に思うかもしれません。でも私から見れば、そういう人を数十万人が見ているなかでの議論に引きずり出すことのほうが、むしろ大人気ない行為に思えてしまうのです。

これに限らず、140字という制限があり、過去の呟きが常に流れてしまうツイッターは、決して議論に向いたツールではありません。このため、ごく簡単な質疑応答の範囲を超える議論については、できる限り避けるというのが私の方針となっています。

鬱陶《うっとう》しい人たち

それでもオープンなネット上では、鬱陶しい人々から完全に逃げきることはできません。より正確にいえば、現実社会にもおかしな人はたくさんいるのですが、私の場合、リアルな社会では無名であるため、そんな人に付きまとわれた経験がありません。アイドルや人気俳優、有名企業の経営者などは、実生活でも相当に面倒くさい思いをされているのでしょう。

ネット上の鬱陶しい人たちは、その目的により3つに分かれます。

1. お金儲けをしたい人

2. 自己顕示欲を満たしたい人
3. 誹謗《ひぼう》中傷でストレスを発散したい人

お金儲けをしたい人とは、「Chikirin の日記」のコメント欄に、情報商材の販売ページへのリンクを残すような人です。最近はツイッターを使ったものが増えています。たとえば、私の発言をそのままリツイートしているように見えるのに、リンク先は私のブログではなく、情報商材やアフィリエイトサイトになっているといったケースです。

多くはプログラムによって自動的に発信されているいわゆる bot（ロボットアカウント）で、次々と同様のツイートをしており、それを見て「Chikirin の日記へのリンクだ！」と思った人がURLをクリックすると、販売サイトに誘導されます。

他にも、私の本のアフィリエイトリンクを延々と呟き続ける bot アカウントもあります。そのリンクをクリックした人が本を購入すると、bot を作った人に収入が発生します。これについては、私自身が本の販促のためにやっていると考える人もあるようで、大変に迷惑です。

フェイスブックはアカウントを持っていないので、今のところ問題は起こっていませんが、将来的にはなりすましアカウントが出てくることも考えられます。彼らは、似顔絵の画像を不正利用することなど躊躇しません。賢明な皆さんは、フェイスブック上であの似顔絵とともに〝ちきりん〟を名乗る人から友達申請がきても、決して承認しないでください。

2番目の鬱陶しい人は、「あなたはまったく理解していない!」など、面識もないのに突然けんか腰のツイートを送ってきたり、「あなたのような影響力のある人が、そういう発言をすることの是非を少しは考えるべきだ!」といった、紋切り型の説教ツイートを送ってくる人です。

こういう人は速攻でブロックしますが、そうすると向こうも、速攻でアマゾンの(私の本の)レビューに酷評を載せてきたりします。でも、だいたいそこで終わりです。彼らは、有名人を批判したら謝ってもらえた、返事がもらえた、という経験をすることで、自己顕示欲や承認欲求を充たしたいだけなので、無視していればそれ以上、絡んではきません。私が無視すれば、次からは「返答をしてくれる、他の有名アカウント」に絡みにいくようになります。

3番目の鬱陶しい人は、私のツイートが波紋を呼んで炎上気味になると、どこからかワラワラと現れて執拗に非難ツイートを繰り返す人です。これは、「みんなに批判されている人を批判したい」「炎上騒ぎに参加するのが楽しい」という人たちです。こういう人の多さを見ていると、世の中からいじめをなくすのは本当に難しいなと思います。

ネットからリアルへ

Online to Offline, O2Oという言葉があります。ネット上で評判が高まり、リアルな店舗での購買につながるなど、イーコマースの分野で使われる言葉です。

私のブログでも、本を紹介したことがきっかけで著者の方と対談をすることになったり、ブログでウェブサービスを紹介したら、そのサービスを提供している企業から訪問依頼を受けたりすることが増えています。私以外にも、ブログ、ツイッター、フェイスブックなどでの交流から、実際に会うことになった、仕事につながったなど、同様の経験を持つ人は増えているでしょう。

こうした時代に重要になるのが「オンラインでもオフラインでも、同じように振る舞う」という一貫性です。たとえばテレビを見ている時なら、「この俳優さんの大ファンだけど、今回の演技はイマイチだな」と呟いても、何も問題はありません。でも、ツイッターでそんなことを呟けば、本人の耳に入る可能性が十分にあります。多くのクリエーターや芸能人、経営者らは、自分の芸名、作品名、会社名やサービス名で検索をかけ、その評判をチェックしています。あなたのフォロワー数が少なくても、本人にその発言が発見される可能性は、決して低くないのです。

それくらい「本人に見られても問題はない」と思いますか？　でもその発言が、

大きなチャンスを潰してしまうとしたらどうでしょう?

オンラインからオフラインへのつながりが現実的になりつつある今、ごく一般の人を含め、ネット上で発信するすべての人には、次のふたつの選択肢が与えられています。ひとつは、ふたつの世界のつながり(O2O)を自分から切断するという選択で、もうひとつが、どちらの世界でも通用する振る舞いをすることで、O2Oのメリットをフルに享受する、という選択です。

たとえば、有名人を非難・揶揄《やゆ》するエントリや呟きによって、アクセス数やリツイート数を稼ごうとする人がいます。これがひとつめの選択です。もうひとつは反対に、嫌いな有名人については言及せず(リアルな社会では、嫌いな人にわざわざ「嫌いです」と言いに行きませんよね)、好きな著名人、尊敬する有名人に関してのみ、積極的にその気持ちを伝えていくという選択肢です。

たとえば以前から私は、堀江貴文さんの発言が非常に鋭く、本質を突いていると思うことがよくあったので、そのことをブログでもツイッターでも書いていました。そうしたら、なんの面識もなかったのにツイッターでフォローしてもらうことができ、最初の本である『ゆるく考えよう』の帯に、推薦文まで頂くことができました。もちろん、最初からそんなことが起こると予測していたわけではありません。単に「すごい！」「すばらしい！」と思う人について、素直にその気持ちを表明していただけです。

しかもそれは、このケースだけではありませんでした。ツイッターを始めて1年ほどたった時、私が尊敬している（かなり有名な）人たちの多くが、向こうも〝ちきりん〟をフォローしてくれていることに気がついたのです。なぜ次々とそんなことが起こるのか、最初は不思議に思っていました。そしてある時、「私が彼らを尊敬しているということが、本人にも伝わったのだ」と気がつきました。おそらくそれが、フォローをしてもらえるきっかけ（理由ではないと思いますが）になったのだと思います。

そんなことは、自身も有名な〝ちきりん〟だから起こったのだ、自分には関係ないと思いますか？　別の立場で考えてみてください。私は必ずしも有名でない人も含め、いろんな人を取材し、ブログで紹介しています。対談をすることもあれば、本の推薦をする場合もあります。そういった人たちは、少なくとも過去において、〝ちきりん〟を叩き、それによって注目を集めようとした人たちではありません。もしも過去にそんな言動をしていたら、私からその人にインタビューを申し込むこともないし、先方から私に依頼を送ることも（さすがに）できないでしょう。

ネット上で活動する人には誰でも、180度異なるふたつの選択肢が与えられているのです。それは、「有名人をネタにして自分の人気を上げる」。その代わり、その人とリアルな関係を持つことは永久に諦める」という選択肢と、「肯定的な思いを積極的に伝えることで、リアルに関わりが持てる可能性を高める」というもうひとつの選択肢です。

テレビでは後者のようなことは起こりませんが、ネットでは、そういうことも十分に起こりえるのです。しかも、ここでは想像しやすいように有名人と書きましたが、実際には相手が有名だろうと無名だろうと、フォロワー数やブログ読者数に拘わらず、同じことが起こります。人は、自分を罵倒してくる人をフォローしたり、その人のブログや書籍を紹介したり、ましてやリアルに会ったり対談したいとは思わないものなのです。

〝ちきりん〟などという謎のブロガーでも、大学教授や政治家や有名経営者に会えるのですから、誰にとってもその可能性は十分にあります。でも、本人に会ったら決して直接は言わないだろう言葉をツイッターにのせていたら、その可能性を自ら潰してしまいます。もちろん、「有名人に会いたいとか、交流したいとはまったく思わない。そういう人をネタにして注目が得られるなら、そのほうが良い」と割り切ってしまうのも、ひとつの選択です。重要なことは、そのアプローチが本当に自分の手に入れたいモノにつながる道なのか、十分に意識をして行動すべきだということです。

私の場合は、初期の頃のいくつかの失敗から学び、本人が目の前にいたら言わないだろうことは書かない、呟かないと決め、「その人がもし目の前にいたら、きっとこういう言い方をするだろう」と思える方法で表現することにしてきました。

たとえば、好きな女優さんの演技が、最新のドラマではイマイチだったと感じても、その女優さんに会えたら、わざわざ「今回のドラマはイマイチでしたね」なんて、言いませんよね。だったら、そういうことは（相手が見ていようといまいと）ネットで呟くべきではないのです。

この方針を貫いたおかげで、私はO2Oのトレンドから極めて多くのメリットを享受することができ、数多くの人との対談やコラボイベントを実現しました。このポリシーをまもっていなければ、「Chikirin の日記」をここまで育てることは不可能であったと思うほどです。

ここまで大きくなりました！

月間アクセス200万PV

ブログのアクセスは、最初は〝はてなカウンター〟で、今はグーグルアナリティクスという無料解析ツールで調べています。

〈月間ＰＶの推移〉

・２００５年３月開始（この年は記録をとっていません）
・２００６年：月間３千ＰＶから５千ＰＶ
・２００７年：月間４千ＰＶから６千ＰＶ
・２００８年：月間８千ＰＶから20万ＰＶ
・２００９年：月間30万ＰＶから60万ＰＶ
・２０１０年：月間80万ＰＶから１２０万ＰＶ
・２０１１年：月間１１０万ＰＶから１７０万ＰＶ
・２０１２年：月間１５０万ＰＶから１７０万ＰＶ
・２０１３年：月間１５０万ＰＶから２２０万ＰＶ

２００８年のブレークのきっかけは〝はてなブックマーク〟によって注目されたこと、２００９年は、そこから連鎖して有名ブログやヤフーに取り上げられ、ツイッターで頻繁にリツイートされたことが理由です。2010年以降の伸びは、書籍の出版により、ネットの外から読者を呼び込んだ結果でしょう。最近の伸びは、ファン層の重複が少ない異分野の方との対談効果が大きいと思います。

コメント欄を閉じたり、はてなブックマーク一覧ページを非表示にしたりすると、2ヶ月間ほどはPVが減りますが、その後への影響はほとんどありません。

これまで、アクセス数の目標を設定してそれに向けて努力をしたのは、2013年の4月だけです。この時は、プロ格闘ゲーマー梅原大吾さん関連のエントリだけで、月間200万PVに挑戦しました。ここ数年、月間アクセスは150万PV前後に収束していたので、工夫をすれば200万PVに届くのかどうか、試してみたかったのです。

とはいえ、毎日複数のエントリを書くなど、明らかに今までと異なるスタイルでPVを伸ばしても意味がないので、エントリのアップは月に15本（二日に1本）と決めました。結果だけをみれば目標は達成できたのですが、これはかなり大変でした。ツイッターで週末ごとに過去エントリを紹介するなど、毎日PVを確認しながら、ギリギリで達成できたという感じです。おそらく220万PV（2013年4月）のうち、40万PVくらいは過去エントリへのアクセスでしょう。

そういう人為的な努力をしなければ、このところのPVは150万PV程度に落ち着いています。特に最近は「ワイドショーネタは書かない」と決めたので、あまりPVは伸びません。ワイドショーネタとは、第三者が気兼ねなく正義感を振り回すことができる話題のことです。テレビでは、ご意見番役のタレントさんが、不倫や離婚をした芸能人や、仕事上でトラブルを起こした有名人をエラソーに批判する番組が人気ですが、最近はネット上でも、まったく同じことが起こっています。

有名人がレストランにクレームをつけたといった話の場合、有名人と店のどちらが悪いかといった議論が典型的ですが、不適切な対応をした経営者に対して一般ネットユーザーが、まるで自分も大御所のご意見番になったかのように、ツイッターでそれらしい批判をするのです。

このこと自体は、ワイドショー同様、一種のエンターテインメントなので、それを楽しむ人がいるのは何も問題ないのですが、私自身が運営するブログを、そういった「ワイドショーネタばかりを扱う場所」にはしたくありません。しかもそういうエントリを書いていると、ワイドショーネタが好きな人、正義感を振り回したい人ばかりが集まってきます。そんなことになっては、せっかく築いてきたサイトの価値が台無しです。

テレビのワイドショーがそういった話題をとりあげれば視聴率獲得につながるように、そういったネタを書けば、ネット上でもPV増加には大きく貢献します。ブログを書く人は誰でもアクセス数が気になるし、増えてほしいと思っているでしょう。私ももちろん同じです。けれど私にとってそれは、サイトの質を犠牲にしてまで手に入れたいものではありません。なので最近は、ワイドショーネタにはまったく参加しなくなってしまいました。そういうネタを書かなくても読みに来てくれる人だけに読者を絞りたい。それは、「読売新聞ではなく日経新聞、地上波テレビではなくCS専門チャンネル」を目指す私にとって、極めて自然な選択でした。

書籍の意義は思考のパッケージ化

２０１１年の１月に『ゆるく考えよう』を出してから２０１３年６月までの２年半で、４冊の単行本を出しました。未知だった書籍出版の世界について様々な学びが得られたし、書くことはもちろん、売ることも含め、とても楽しい経験でした。

２０１１年１月　『ゆるく考えよう』（イースト・プレス　4万2千部、文庫1万6千部）
２０１１年10月　『自分のアタマで考えよう』（ダイヤモンド社　11万3千部）
２０１２年５月　『世界を歩いて考えよう！』（大和書房　5万部　文庫1万5千部）

2013年6月『未来の働き方を考えよう』（文藝春秋　5万5千部）
・部数は本書出版時点での印刷部数で、電子書籍は含まない

※2014年以降に出版した本については https://chikirin.hatenablog.com/about にまとめてあります。

書籍は私の思考をテーマごとに体系立ててパッケージ化したもので、「Chikirin の日記」を読んだことのない人にも、1冊でまとまったメッセージを伝えることができます。また、書店というリアルな場所で販売されるため、ブログの新規読者の開拓に有効です。これまで書籍を通じて新たにブログの読者になってくださった方は、相当数に上るのではないでしょうか。

もちろん既存のブログ読者であっても、2005年からすべてのエントリを読んでいるという人は少数派でしょうし、たとえ全部を読んでいても、バラバラにでてくるエントリから私の考えを統合的に理解するのは大変なはずです。加えて

いえば私自身にとっても、本を書くことで自分の主張を体系立てて整理しなおすことは、非常に意義のある作業です。

とはいえ、『ゆるく考えよう』以外はすべて書下ろしで、執筆には相当の時間がかかっています。それだけの手間に見合う効果（ブログの新規読者を増やす効果）が期待できなければ、とても書く気にはなれません。たとえば私が続編的な本を書かないのは、新たなブログ読者を獲得するのに、効率が悪いからです。

『ゆるく考えよう』は生き方のスタイル、『自分のアタマで考えよう』は思考方法、『世界を歩いて考えよう！』は旅の記録、そして『未来の働き方を考えよう』は、働き方に関する本と、それぞれまったく異なるテーマについて書いています。こうすれば、書店でもそれぞれ異なるセクション（棚）に配置してもらえます。新規の読者も、旅行が好きな人は『世界を歩いて考えよう！』から、働き方に悩む人は『未来の働き方を考えよう』からと、入り口を多くすれば多彩な人に知ってもらえます。

もともと〝ちきりん〟の大ファンだという人は、どの本も読んでくれるでしょうし、もちろんそういう人にも楽しんでいただけるよう、工夫して書いているつもりです。それでも、本を書くという大変さに見合う効果を得るためには、「新たにブログの読者になってくれる人をいかに増やせるか」という視点が欠かせません。それくらい1冊の（紙の）書籍を作り上げるというのは大変な作業なのです。

本書も当初は、電子書籍として自分で出したものですが、ブログの新規読者の獲得という視点で考えれば、今後も紙の書籍は定期的に出していく予定です。ネット内での知名度はそれなりに高くても、まだまだ〝ちきりん〟なんて知らない人はたくさんいます。そしてそんな人の中にも、一度でもブログを読んでもらえれば、継続的な読者になってくれる人が、まだまだいるはずです。今のところ紙の本は、ブログと補完的という意味で、そういった人たちにアクセスするためのパワフルなツールとなっています。

なお、ブログも読まないが本もほとんど読まない、という人の中に、将来の〝ちきりんブログの読者〟がいるとはあまり考えていません。前述したように、私は読者がめちゃくちゃ多いブログを目指しているわけではなく、特定の共通点のある読者が集まる場所を作りたいと考えています。そういう人と「本をよく読む人」の重なりが非常に大きいと考えているので、けっこうな手間がかかる書籍出版を続けているのです。

ところで私の本は、4冊それぞれが異なる出版社から出ています。出版社の名前にこだわったことはなく、早いタイミングで声をかけてくださった出版社の中から、編集者の方との相性や企画の内容によって決めてきただけなのですが、結果としてバラバラの会社から出せたことは、とても良かったと思います。

これは著者ではなく社会派ブロガーとしての視点ですが、出版業界の構造や各出版社の仕事の進め方について、いろんな会社とつきあったほうが、より多くを学べます。4つの出版社から本を出せば、契約書も4種類、電子書籍に関する考え方も4通り、営業と編集の関係もそれぞれです。本当にたくさんの学びがあったので、4社を比較しておもしろいブログを書くこともできるのですが、（私は大人なので）そういうものを書くことは、これからもないとは思います。

ブログから得られる収入

私のブログの収入は、アマゾンのアフィリエイトやグーグルのアドセンスなど、ほとんど手間のかからないものだけです。たまに「貴サイトにバナー広告を出すにはいくら払えばいいですか？」という問い合わせが入りますが、お断りをしています。もちろん、自分から広告枠を売るための営業をしたこともありません。そういった受動的な広告だけで、2013年の収入は500万円弱でした。今年もほぼ同額だと思いますが、アマゾンもグーグルも報酬レートを急速に下げているし、広告につながりにくいスマホでの閲覧が増えているので、広告収入がこれ以上伸びるとは思えません。

いずれにせよ私は、これ以上のブログのマネタイズには興味がありません。そのため、ちきりんブログの広告配置はいかにもやる気がないように見えるらしく、「本気で最適化すれば収入は倍になる」とアドバイスしてくれる知人もいるのですが、そんなことに（ただでさえ乏しい）本気を使う気にもなれません。

また読者が最初に目にする部分（スクロールしなくても目に入るトップの部分）には、広告が表示されないよう気をつけています。文章を読むのに邪魔になる、文章の間の広告も配置しません。そんなことで得られるお金の額より、読者に対する〝サイトの第一印象〟のほうがよほど重要だからです。

たしかに、電気膝掛けやミネラルウォーターなど、気に入った商品は熱心に勧めていますが、あれは、それらが本当にすばらしいので勧めているだけです。それに私は、昔から「売る」という行為が大好きです。実生活でも、営業という要素のない仕事には興味が持てませんでした。自分が良いと思ったものをお客様に勧め、お客様がそれを買ってくださる。それ自体にやりがいを感じます。アフィリエイトシステムは、ブロガー向けのPOSデータのようなものです。あれを使えば、自分の勧めたものが何個売れたか、きちんと記録されます。一生懸命売っても、売れたかどうかもわからないのではまったくおもしろくないですよね。

最近は「ちきりんセレクト」（https://chikirin-shop.hatenablog.com/）という

サイトを別途作ったので、今後の愛用品紹介は、すべてこのサイトに集中させる予定です。こうすれば、私のお勧めグッズを知りたい人はそのサイトを見ればよいし、それらに関心のない人は、商品紹介を目にしなくても済むようになります。

ブログから収入を得るということに関してさらに立場を明確にすれば、私はプロのブロガーではありません。広告から得られる収入に書籍の印税等を加えれば、ちきりん活動から生活に必要な収入は得られます。でも私には、この活動で食べていこうという職業意識や覚悟がありません。もちろん「覚悟を持って稼ぐ」ことも可能なのですが、資本主義の最先端を走っているような米国系企業で長年働いてきたので、退職後にまで同じことを繰り返す気になれないのです。

現在のPVや読者数から考えれば、本当に稼ぎたいならアフィリエイトではなく、メルマガを発行し、サロンを運営すべきでしょう。そうすれば収入は大きく増えると思います。でも、そんなことをして得られるお金の額は、そのために必要な人生の時間と比べて、あまりに価値が低いのです。

今の私にとって最も大事なリソースは、人生の時間です。人は誰しも一日に24

時間しか持っておらず、20代は10年、30代も10年、40代も10年しかありません。すでに人生の折り返し地点を過ぎている私にとって、残された人生の貴重な時間を、貯金を増やすために使うというのはありえない選択なのです。

自分のためのブログ活動

長期連載エントリ

2013年は、興味を持ったトピックについて専門家にインタビューし、それについて考えたことを何日も連続して書く長期の連載エントリも始めました。このスタイルを初めて試したのは2012年で、その時は、和歌山県新宮《しんぐう》市の若い市議の方を訪ね、インタビューをさせていただきました。取材には時間もかかるし、今まで縁のなかった異分野の方に話を聞こうと思えば、それなりの事前勉強も必要です。そういうことに必要な時間も、会社を辞めたことによって確保できるようになりました。

その後、クラウドソーシングという新しい働き方についてや、人工知能についても、専門書の著者や開発者の方にインタビューをさせていただき、それを元に長期連載のエントリを書いています。ただ、こういった取材はすべて、先方からお声がけいただいたことで実現したものです。というのも、私は匿名でプロフィールも明かさず、しかも写真を撮る時にはお面まで使っています。取材側が身元を伏せたまま、実名で活動する人に取材を申し込み、ウェブに掲載する写真まで撮らせてもらうなどという非常識なことは、普通はできません。一生懸命ブログを育ててきたことで、そういうことが可能になったことには、とても感謝しています。

私が取材型・インタビューに基づく長期連載エントリが好きなのは、自分の知らない分野について学べるからという理由に加え、自分の思考プロセスを言語化して記録できるのが楽しいからでもあります。通常のエントリでは、読者の方は私が考えた結果（アウトプット）しか見えません。私がどんなインプットを得、それをどうアウトプットにつなげたかという思考プロセスは、ブログ上には表れないのです。

でもこういった連載エントリでは、「こういう話を聞いた↓私はこう考えた」という「インプット↓アウトプット」がセットで開示されます。『自分のアタマで考えよう』でも説明した通り、「考える」とはインプットをアウトプットに変換するプロセスのことです。その変換プロセス（思考プロセス）を詳細に記録しておけること、読者の方にも見ていただけること、これが、私がインタビュー型の連載エントリを気に入っている理由です。

結局のところ私がブログに書いているのは、「私はこう考えた！」という思考プロセスそのものなのです。それを記録しておくことで、あとから自分の思考を振り返ることもできるし、将来の思考につなげることもできます。

正直にいえば、ああいった連載エントリが読者にとっておもしろいのかどうか、よくわかりません。その分野に関心のある人はいいでしょうが、関心の持てない話が1ヶ月も続いて、すっかりブログを読む気が失せてしまったという方もあるでしょう。でも、たとえそうだとしても仕方ありません。結局のところ私は、読者のためにブログを書いているのではなく、自分が楽しいと思えることを書いているだけです。そうでなければ、何十年も日記を書き続けることはできません。

ところで私は〝ちきりん〟として、自分が取材やインタビューを受ける側になることもあるのですが、こちらはまったくおもしろくありません。なぜなら、そういう時に先方から聞かれることは「既に考え終えたこと」ばかりだからです。これは自分が取材する場合に、「これから考える新しい材料」が得られるのとは対照的です。

たとえば、働き方についての本を出すと、多くのメディアから「これからの働き方についてちきりんさんの意見を教えてください」といった取材依頼を頂きます。でも私にとって働き方は、本を出版した時点で既に考え終えたトピックです（考え抜いたからこそ、書籍にできたのです）。既に次のことを考えたいモードに入ってしまっているのに、働き方について繰り返し尋ねられると、その時間はどんどん退屈なものとなってしまいます。

これは、私が取材している相手側の人にとっても同じなのではないかと、思うことがあります。だとしたら、なぜ彼らは私に「話を聞いてください」と言ってくるのでしょう？　それは、彼らが何かのメッセージについて、「Chikirin の日記」を通して拡散してほしいと思っているからですよね。それはまさに、私自身が苦労して作り上げたメディア価値のおかげだとは思うのですが、同時に、その力に胡坐《あぐら》をかいて、相手にとってつまらない（自分が学ぶためだけの）インタビューにしてはいけないとも感じます。インタビューをさせていただいた方に、（私が得られる学びの量とはレベルが違うにせよ、少しでも）新しい学びを得ていただけるよう頑張りたいものです。

活動レベルは低くていい

いろんな人と会って取材したり、企業訪問をしてエントリを書いているので、「ちきりんはとてもアクティブに活動している」と思われるかもしれませんが、それはまったくの誤解です。私は家にいるのが大好きで、ソファに寝転んで何時間でも韓国ドラマやゲームや読書を楽しみ、それに飽きたらネットで遊びと、どちらかといえば〝ひきこもり〟に近いほど活動量は少ないです。大好きな旅行や美術鑑賞や温泉でさえ、出かける前はめんどくさくて、何度も中止したくなるし、友達も多くないし、社交的でもありません。ネットワーキングにも興味がないし、パーティやレセプションに出かけるのも億劫《おっくう》です。有名人に会いたいともあまり思いません。特に最近は、「会いたい」と言うと本当に会うことになってしまうので、軽々しくそういうことを言わないよう、注意しています。

たとえば、ある人がAさんに「Aさんとちきりんさんとの対談が見たいです！」とツイートしたとします。多くの場合このツイートは、私にもメンションされています。私はこういうツイートにほとんど反応をしません。だって、それに対して「いいですね！」と言った瞬間に誰かから（メディアの人や本人から）、「じゃあ、ぜひ対談を」とか「うちがアレンジします！」といった連絡が入ってくるからです。そうなったらもう断れません。誤解のないように。Aさんに会いたくないわけではありません。単に、やたらと忙しい日々には、もう戻りたくないだけなのです。

対談や企業訪問自体は嫌いではなく、むしろ「大好き！」といえるレベルです。ただ、予定が多すぎる、忙しすぎる、それらに追われる、という生活を既に長く経験してきたので、今となってはもはや、そんな生活に戻ることは望んではいません。予定なんて週に3つくらいで十分（一日に3つではありません）楽しい毎日がおくれます。

それに私は、ひとりの人と対談すると、そこから得たインプットを元にあれこれと考え、少なくとも数本、多い場合は15本ものエントリを書きます。15本のエントリとは、1ヶ月分のブログです。インパクトのある人ひとりに会えば、1ヶ月もの間ブログが書けるのだから、1ヶ月に会う人はひとりでよく、次の人に会うのは、翌月で十分です。

良い本を読んだ場合も、1冊の本から何本ものエントリが書けます。『ワーク・シフト』や『クラウドソーシングの衝撃』という本に関するエントリは、それぞれ10本近く書いたはずです。1冊読んで1ヶ月分のエントリが書けるなら、

1ヶ月に読む本は1冊で十分という計算になります。

このように、やたらとアウトプット・インプット比率が高い（少ないインプットで、たくさんのアウトプットが出せる）ので、必要なインプット量が極めて少なく、そのためにあまり活動をする必要がない、という状況になっています。

巨大なオフ会

ブログの人気が高まり、いろんな機会を得られるようになった一方、できなくなってしまったこともあります。それは読者の方と、リアルなコンタクトを持つことです。たとえば小規模なオフ会を開いて、読者の方と議論するようなことは、もう不可能です。定員500人の講演チケットが1週間で売り切れる状態の中で、「来週、渋谷の居酒屋でオフ会をやります！」といった呼びかけをするのは無謀にすぎるでしょう。

会社を辞める前は（ブログも今ほど有名でなかったので）、読者の方と一緒に食事や旅行ができるかな、などと考えていました。でも、今はそれも難しいと感じます。2年前、イタリアを旅行した際、実験的に「イタリアで、一緒に食事をしてくださる方を募集します」とブログに書いたところ、3名の方から連絡がありました(うち2名とは本当に食事を楽しみました)。

「イタリアで3名ということは、もし仙台あたりで声をかけたら何名になるんだろう?」と考えることがあります。数が少なければ「来週、仙台に行きます。一緒にご飯を食べてくれる人を募集します!」といった呼びかけができると思うからです。でも、「大阪から新宿まで、ちきりんさんの講演を聞きに来ました」と言われる方まである中、「仙台でご飯を食べましょう!」と言ったりしたら、わざわざ東京から来る人が現れるかもしれないと思うと、とても気軽には呼びかけられません。

その一方、大会場で行う講演会は、ほとんどファンミーティング、もしくは、巨大なオフ会の様相を呈しています。講演会を行う際、私自身はギリギリまで告知をしません。大半の場合、チケットは書店で売られており、店頭と書店や出版社のウェブサイトでのみ告知されています。200席くらいまでならそれだけで売れてしまうし、５００席の会場でも、ブログで告知すれば数日で売り切れます。いずれにせよ、とても感度の高い「ちきりんファン」でないと、チケットが手に入らない状態になっているのです。

このため会場に来てくださる方は、熱心なファンの方ばかりです。皆さんとても温かく、最初から最後まで良く笑ってくださり、本当にありがたい限りです。そして、５００もの席が埋まった会場を見ながら舞台の袖から出ていく際にはいつも、「なんでこんなことが起こってるんだろう？」と、不思議な気分になります。たかだかブログを書いているだけの個人が、まるでタレントのようなファンミーティングをできる時代になったなんて、本当にスゴイことです。

同じことは、ツイッターのフォロワー数に関しても感じます。私は、いわゆるマスメディアへの露出がほとんどありません。テレビや新聞での露出はほぼゼロだし、雑誌への露出も、新刊本の出版前後だけと極めて限定的です。ネット上でも、お面を着けての露出です。こんな人は、今までなら「メディア的には存在していない」も同然の立場でした。それが今や、10万人ものフォロワーが集められる時代になったのです。

※2020年8月時点でのツイッターのフォロワー数は35万人です。

こうしたことからいつも感じるのは、「すごいのは私じゃなくて、私を見つけた人たちだ」ということです。スゴイのは、「無名だったのに、500席の講演チケットが完売する人気者になった私」ではなく、なんの権威の裏付けもなく、テレビにも出ていない妙な名前の書き手の講演に、お金と時間を費やしてやってくる人たちが大勢いるということです。そういう人がここまで増えてきたことこそが、今までとは違う時代を作り始めているのです。

同じことは文章の分野だけでなく、ユーチューブなど動画サービスを通して、歌やダンス、絵や料理など、様々な分野で起こりつつあります。これからも多彩な才能が日本中から、そして世界中から見いだされることでしょう。本当に楽しみな時代になったと思います。

ちきりんブログ成功の理由

幸運と適性

最後に、私自身が考える「ちきりんブログ成功の理由」をまとめておきましょう。成功するモノの多くがそうであるように、「Chikirin の日記」も様々な幸運に恵まれました。

まずは、はてなブックマークが盛り上がっていた時期に、たまたま私が選んだブログサービスが〝はてな〟だったということです。また、会社を辞めて自由に発言できる立場になった時期に、ちょうどツイッターが大流行したこともラッキーでした。あの時期にツイッターを始められなければ、これだけのフォロワーを獲得することは、不可能だったでしょう。

さらに、ブログが注目された2008年半ばのタイミングで、既に3年分のブログが書き溜められていたことも幸運でした。換言すれば、「ブログを書き始めてすぐのタイミングで注目されなくてよかった」ということです。

2008年半ば以降に私のブログを見つけてくれた人は、読み切れないほど大量の過去エントリに驚き、熱中し、それらを読むうちに、ちきりんのファンになってくれました。もしもブログを書き始めて1ヶ月目に注目を浴びていたら、「たまたま見つけたブログがおもしろくて、何時間も何日も〝ちきりん〟にどっぷりハマった」というディープな経験をする読者は現れませんでした。

それらの幸運に加え、私自身もブログの執筆と運営に適した資質を備えていました。そのひとつは、難解な文章が理解できない、微妙なレベルの読解力の持ち主だったということです。

本好きではあったけれど、ニーチェもカントも2ページと読み進めず、「もっとわかりやすく書いてほしいよ……」と、心から恨めしく思っていました。自身が難解な文章を理解できないため、私の書く文章は極めて平易です。この「誰が読んでもわかりやすい文章」は、ブログの人気化を大きく助けてくれました。

また、モノを売るのが得意で大好きな性格も役立ったと思います。中身がおもしろいブログはいくらでもありますが、人気化するブログはそのごく一部です。「Chikirin の日記」が成功したのは、ブログの売り方が巧かったからでしょう。

私は本業でも長く、B2C（個人客向け）のマーケティングを担当していました。商品やサービスの魅力をポテンシャル顧客に伝え、その良さを理解してもらい、多くの競合品の中から選択してもらうという仕事です。このためごく自然に、自分のブログを対象商品としたプロモーションやマーケティングを手がけることができました。リアルな世界で学んだ営業スキルが、ネット上でも十分に通用したのです。

しかし、「Chikirin の日記」がここまで人気化した最大の要因は別のところにあります。次はそのことについて、説明したいと思います。

時代とのマッチング

「Chikirin の日記」が成功した最大の理由は、コンテンツ消費の舞台が既存メディアからネットメディアに移行したタイミングと、私のブログ運営ポリシーがべストフィットしたことです。

私がブログを書き始めた2005年から2014年までの10年間は、必ずしもネットに詳しくなかった一般の人たちが、コンテンツ消費の場所を既存の媒体からネット媒体に移行させ始めた時期と重なっています。

この期間、雑誌や新聞の購読者は右肩下がりで減少し、その分、ネットメディアやブログ、メルマガ、まとめサイトからツイッター、そしてフェイスブックまで、ネット上のコンテンツが急速に一般の人に読まれるようになりました。

その動きを強力に加速したのが、次々と現れた口コミ系のソーシャルネットワーキングサービス（SNS）です。2005年の段階において一番パワフルだった〝はてなブックマーク〟は、早くからネットの世界で情報消費や発信をしている、先端的なユーザーが多く使うサービスでした。一方、2009年から流行したツイッターは、これまでネット上で発信をしたことがなかった（最先端ではない）ユーザーを、ネット上でのコンテンツ消費の世界に運び入れてくれました。

実名が基本のフェイスブックが現れてからは、さらにその傾向が強くなり、これまで「ネットは怖い」「ネットはよくわからない」「ネットはなんとなく信頼できない」と考えていた人たちが、どんどんネット上でのコンテンツを消費（もちろん発信も）するようになったのです。

そういったタイミングにおいて、「ネットの中だけで流行っているトピックには触れない」「リアル社会で知られていない言葉は、注釈なしで使わない」「実際に会った時に言えないコトや、乱暴な言葉は使わない」「有名ブロガーとつるまない」といったポリシーをもつ私のブログは、ネット上でのコンテンツ消費を初めて経験する人たちにとって、ニッチ過ぎず読みやすい、安心できるサイトとして認知されました。

ブログの日付を重視したことも、その一例です。ずっと昔からネットで文章を読んでいる人たちは、ネット上の文章の日付のわかりにくさに慣れており、そのことにフラストレーションを感じません。一方、リアルなビジネスの世界にいる人にとって、日付のわかりにくい文章は、ありえないくらいとんでもない代物です。私は、私と同じような人たち（＝ネットに詳しくない、ネットとは関係の薄い仕事をしている人たち）が、日付のない文章に抱く不信感を、自分ごととして理解できていました。

いつの時代も、またどんな分野においても、先端ユーザーの数は限定的です。サービスにしろコンテンツにしろ、新しいものの多くは、先端ユーザー以外の一般の人、普通の人に違和感なく受け入れてもらえて初めて、一定以上の規模にまで育つことができます。

２０１３年、最も話題になったエントリのひとつ、「『生産性の概念の欠如』がたぶんもっとも深刻」（ＵＲＬは１９２ページ参照）には、９２５個の〝はてなブックマーク〟、１５６４個のツイートによる言及、そして、５６７０個のフェイスブックでの〝いいね！〟や共有マークが付きました。その少し後に書いた「大企業のほうが成長できるとか完全にウソ」というエントリに至っては、〝はてなブックマーク〟４３９個に対して、ツイッターの言及が９６９個、フェイスブックは６２７２個となっています。

どちらのエントリでも、フェイスブックでの言及は〝はてなブックマーク〟より何倍も多く、特に後者のエントリでは、その差が14倍を超えています。この数字は、今の私のブログを拡散してくれているSNSの変化を端的に表しています。はてなブックマーカーの中には、「コメント一覧ページが非表示で読めないから、ちきりんのブログはもう読まない」という人もいます。そういった、ごく少数の先進ユーザーが離れ、その何倍もの数の普通の人たちが他のSNSを介して「Chikirinの日記」を読みに来てくれるようになった。そのプロセスを通して、アクセスと読者の急増、ブログの人気化が起こったのです。

もちろん、変化はこれで終わりではありません。ネット上の口コミツールは次々と新しいものが現れます。同じ人、同じサイトの幸運がずっと続くわけではありません。新たなトレンドに乗って、新たな幸運を得られる人が、きっとまた生まれてくることでしょう。だから誰だって、次の〝ちきりん〟になれる可能性を持っているのです。

そしてこれから

最後に、これから「Chikirinの日記」をどうしていきたいのか、について書こうと思ったのですが、何か達成したい使命があるわけでもなく、大層なことは思いつきませんでした。週刊文春でのインタビューが何年も続いている阿川佐和子さんや、海外の大スターまで出演したがる黒柳徹子さんの「徹子の部屋」というテレビ番組のように、「Chikirinの日記」も、「ぜひ自分もいつかは出てみたい！」と思ってもらえる場所になったらいいなとは思います。でもそのために、必死で努力して……とも思いません。日記を書くことは私にとって、小学校5年生から続けてきたごく日常的な習慣であり、仕事でもビジネスでもないからです。

今は何万人もの人に読まれている「Chikirinの日記」ですが、最初の3年間はほとんど読者のいないブログでした。またそれ以前には、誰も読まない紙の日記を何十年も書いていました。今と、それらの時期、どちらかがより楽しいということもありません。あの頃も今も、そして紙のノートに書いていた時期も含め、私は日記を書くことが大好きです。自分の考えたことを文章化すること、自分の思考を言語化し、構造化すること、そういう作業自体が楽しいのです。その記録を、読者の方にも同時に楽しんでいただけるのであれば、それだけで望外の喜びです。

ブログでもよく書いていますが、私は「変わること」も大好きです。私のブログも、どこかのタイミングで落ち目になっていくのかもしれません。そういった栄枯盛衰もまた、時代の流れです。どんなものもいつかは終わるし、なくなるし、入れ替わります。だからこそ、すべては儚《はかな》く美しいのです。何があっても決して壊れない、永久に変わらないなんてものは、むしろ無粋で下品だとさえ思います。

私自身、ブログが人気化してから5年以上たち、これまでと同じ活動にはやや飽きがきているところもあります。過去の職業生活でも、だいたい7年くらいで仕事を変えてきたので、それくらいのサイクルが、新しいことを始めたくなる単位なのかもしれません。

『未来の働き方を考えよう』にも書きましたが、今、世界は大きく変わろうとしています。変化のスピードはこれからもっと速くなり、5年後、10年後には今では想像もできないような世界が実現していることでしょう。そんな変化の中では、「Chikirinの日記」がどうなるかなんて、ちっぽけな話です。

自分がどうなるか、自分のブログをどうしたいかより、世界がどう変わるか、どんな社会がやってくるのか、そっちのほうが、よほど楽しみでワクワクします。

そして、こんな時代に生きていられることを、本当に嬉しく思います。同時に、そんな変化をいつまでも楽しめる、気楽でゆるくて、時代に流され続ける〝ちきりん〟でありたいと思うのです。

そんじゃーね

「裏を知る」篇は、２０１３年11月に個人出版で電子書籍として刊行された
『「Chikirin の日記」の育て方』を一部修正したものです。

	ちきりん関連のイベント	ネット上のトレンド
その昔	関西に生まれる	
小学校5年生	高野悦子著『二十歳の原点』に触発され、日記を書き始める	
高校時代	社会的な事象について書いた日記の一部が、同級生の間で回覧される	
18歳	東京で大学生活を始める	
大学時代	多岐にわたるアルバイトを経験　バックパッカーとして海外一人旅を始める	
22歳	バブル時代の金融業界で働き始める	
27歳	会社退職。アメリカの大学院に留学	
29歳	外資系企業で働き始める	
1997年頃	競走馬育成ゲームの「ダービースタリオン」の中で、持ち馬のひとつに「ちきりん」と命名	
2005年	日記を書く場所を、日記帳からブログ「Chikirinの日記」に移転（＝ブログ開始）	ブログブーム
2008年	ネット上で「Chikirinの日記」が注目され始める	
2009年	ブログのアクセス数　月間50万PVを達成	← ツイッターブーム
	ITメディアのサイトに、過去ブログエントリの転載が始まる（2012年まで）	
2010年	ブログのアクセス数　月間100万PVを達成	
	「ちきりんパーソナル」ブログを分離	
	会社を退職	
	ツイッターを始める	
2011年	初めての著書、『ゆるく考えよう』を出版。堀江貴文氏から帯に推薦文をいただく	← フェイスブックブーム
	執筆、取材、講演の依頼が急増	
	共同通信を通して、地方新聞にコラムを執筆（2013年まで）	
	ブログポータルサイト、BLOGOSより、第1回目の〝BLOGOS大賞〟を受賞	

付表〈1〉　ちきりん年表

2012年	2冊目の著書、『自分のアタマで考えよう』が11万部のベストセラーになる	
	紀伊國屋ホールで出版記念講演を実施（定員450名・満員）	
	元横浜市長の中田宏氏や、経済学者の野口悠紀雄氏など、相次いで著名人と対談	
	ブログで紹介した書籍が次々とアマゾンのランキングでトップ10に入り始める	
	新宿のコクーンホールで行った『世界を歩いて考えよう！』の出版記念講演（定員500名）のチケットが3日で売り切れる	
	今後は新規の執筆、講演依頼等を受け付けないと宣言	アマゾンが日本でキンドル発売
	ツイッターでのSocial Book Readingを初開催。課題本は、リンダ・グラットン著の『ワーク・シフト』2時間で3000ツイートが集まり、NHKのニュース番組「Bizプラス」に取り上げられる（出演）	
	ブログ上で行った「衆議院選挙前の政策アンケート」に数日で9900名からの回答が集まる	
2013年	お気に入りの電気膝掛けをブログで紹介。ひと冬に数千枚が売れる	
	大学や高校の入試問題に、著作やブログの文章を使った出題が相次ぐ	
	ツイッターのフォロワー数が10万人を超える	
	ブログのアクセス数　月間200万PVを達成	
	森内俊之名人（当時）から将棋の手ほどきを受ける！	
	愛用品を紹介する「ちきりんセレクト」ブログを開始	キュレーションアプリブーム
	『「Chikirinの日記」の育て方』を電子書籍として個人出版。発売翌日にキンドル本ランキングの1位を記録	LINEブーム

※これ以降の活動については https://chikirin.hatenablog.com/about をご覧ください。

付表〈2〉　対談記録

2009年7月	ジャーナリスト　上杉隆さん
2009年10月	ライフネット生命　代表取締役社長　出口治明さん
2010年3月	日本一のニートを目指すｐｈａさん
2010年9月	フリーライター　赤木智弘さん
2010年12月	「isologue（イソログ）」さんこと、磯崎哲也さん
2011年5月	人事コンサルタント　城繁幸さん
2011年5月	勝間和代さん
2011年8月	『ハゲタカ』シリーズの著者　小説家　真山仁さん
2011年12月	元横浜市長　中田宏さん
2012年3月	ファンドマネージャー　藤野英人さん
2012年4月	中央大学　理工学部　教授　竹内健さん
2012年6月	経済学者　野口悠紀雄さん
2012年8月	ダイヤモンド・ビッグ社　取締役　石谷一成さん
2012年12月	経済学者　野口悠紀雄さん
2013年3月	プロゲーマー　梅原大吾さん
2013年6月	東京大学大学院　経済学研究科　教授　柳川範之さん
2013年7月	安藤美冬さん
2013年12月	堀江貴文さん
2014年2月	ライフネット生命　代表取締役社長　岩瀬大輔さん
2014年9月	哲学者・作家　東浩紀さん
2014年9月	タレント　小島慶子さん
2014年10月	医療法人社団　KNI理事長　北原茂実さん

※これ以降の活動については
https://chikirin.hatenablog.com/about をご覧ください。

※役職名はすべて対談当時のものです。

付表〈3〉　「裏を知る」篇に登場したエントリ

・p.68　「恐るべし　伊勢神宮」
https://chikirin.hatenablog.com/entry/20071227

・p.69　「国に泣きつく若者達」
https://chikirin.hatenablog.com/entry/20080426

・p.184　「『生産性の概念の欠如』がたぶんもっとも深刻」
https://chikirin.hatenablog.com/entry/20131015

・p.184　「大企業のほうが成長できるとか完全にウソ」
https://chikirin.hatenablog.com/entry/20131113

表を読む 篇

『ベストエントリ20』

ここから始まる「表を読む」篇では、これを読めば、〝ちきりん〟の考え方や視点の持ち方が明確に伝わり、「Chikirin の日記」の全体像が把握できる、そんなエントリを6つの分野に分けて掲載しています。

タイトルの下には炎上マーク🔥、文末には執筆日を付けました。多くの🔥（最大5つ）が付いているエントリは、読者の意見が分かれ、熱烈な賛意と、批判的な意見や拒絶反応の両方が、数多く寄せられたエントリです。

反対に🔥の数が少ないものは、大半の人から共感が得られ、よく読まれたわりに反論の少なかったエントリとなっています。このマークの数を見れば、ネット上ではどんな内容が炎上しやすいのか、日頃あまりブログを読まない方にもわかっていただけることでしょう。

なお、文中に「今年」や「数年前に」などと表示されている場合は、そのエントリを執筆した時点における「今年」であり、その時点からの「数年前」を意味します。使用しているデータも、当時のものです。あらかじめご了承の上、お楽しみください。

GROWTH

成長したければ、ひたすら変化すべし

日本で初めて格闘ゲームのプロプレーヤーとなり、『勝ち続ける意志力』（小学館）がベストセラーとなった梅原大吾さん。彼はこの本で、トップであり続けるためには何が必要か、極めてわかりやすく言語化しています。たとえば変化について、彼はこう言います。

自分を変えるとき、変化するためのコツは、「そうすることで良くなるかどうかまで考えない」ということだ。もし悪くなったとしたら、それに気づいたときにまた変えればいい。

たしかに世の中には、「これを変えたら、本当に状況は良くなるのか？」と、いつまでも検討し続け、「結果が良いとわかったら変えよう」と考える人や会社がたくさんあります。しかし彼は言います。「変えればいい方向に向かうとわかっていることは、みんなもそれに気がついてる。そんなことをやってもトップには立てない。トップであり続けるためには、それがわかる前にトライする必要がある」

そりゃそーですね！　ものすごい論理的。

先日の対談の際に私は「じゃあ二番手でいいやと思った人は、変化の結果が自明になってから動けばいいのかな？」などというおバカな質問をしているのですが、今から考えれば、それでは二番手にもなれません。

これはスパコン予算仕分けの「2番じゃダメなんですか？」と同じです。トップを目指して必死で走っている3人が、1位と2位と3位になるんであって、最初から二番手を目指している人が入賞できたりはしません。結果がいいとわかってから（今のやり方を）変えようとする人や会社が、トップグループに入ることはできないのです。

そして、「これを変えれば本当に儲かるのか、答えがでるまで延々と検討を続ける会社」や、「職場や仕事を変えれば本当に楽しい人生が待っているのか、証明されるまで何年でも転職について悩み続ける人」の場合、やっと動いた時には変えるタイミングが遅すぎて、「やっぱり変えなければよかった……」というバカげた結果になるわけです。

他にもこの本には、

・僕にとっての正しい努力。それはズバリ、変化することだ。
・成長というのは、とにもかくにも同じ場所にいないことで促進される。

など、「成長したいなら変化しろ」と繰り返し書かれています。

世の中には「成長するために頑張る」という人がたくさんいます。でも敢えて極端な言い方をすれば、ただ頑張るだけでは成長なんてしないんです。

「頑張る」という言葉は、まったく具体性を伴いません。具体性を伴わない言葉は、精神力や根性の世界へ人を導いてしまう。そして多くの場合、「とりあえず長い時間、働く」という不毛な結論に達します。

それではまったく成長しない。「成長したければ変化しろ。何かひとつでいいから、昨日と変えろ」というのが、彼のメッセージです。

ところで、私たちはなぜ、変化することが怖いんでしょう？　なぜ、梅原さんのように「変化し続けること」を自分に課せる人が少ないのでしょう？

たぶん、ふたつの理由があります。ひとつは前述したように、「結果が良いとわかれば変える。そうでないなら変えない」という（誤った）プロセスで思考するからです。彼が言うように「変化はそれ自体、善なんだから、結果が予想できる前に動くべし」ということに気がつかない。

もうひとつ、私たちが変化をためらうのは、過去に手に入れたものを捨てるのが怖いからです。動かなければ維持できる何かを手離すのが怖くて動けない。

それに対する彼の言葉がコレです。

築き上げたものに固執する人は結局、自分を成長させるということに対する優先順位が低いのだと思う。新しいことに挑戦する意欲も薄ければ、何かを生み出す創造性も逞《たくま》しくないのだろう。

それでは、いつまで経ってもトップランナーを超えられない。

このお兄さんはホントに……情け容赦ないです。

これから私は、成長したいという人に「頑張れ」とは言いません。

「成長したいなら、ひたすら変化すべし」——言うべきことはこれだけです。

そんじゃーね

（2013年4月3日掲載）

引用部分はすべて梅原大吾著『勝ち続ける意志力』より

GROWTH

なにで（機械に）負けたら悔しい？

将棋の電王戦では、プロ棋士がコンピュータソフトに負けたことに注目が集まりました。しかし人間は、既に多くの分野で機械に勝てなくなっています。たとえば体力的なことで機械に負けても、悔しいと感じる人なんていませんよね。「くそー、パワーショベルの野郎は何トンも持てるのに、俺は100キロしか持てないぜ。悔しー！」などとは思わないし、「どんなに頑張ってもプリウスより早く走れない。あんなハイブリッドな奴にさえ勝てないなんて、オレはもう絶望だ」とも考えません。

人間は飛ぶこともできませんが、だからといって、機械（飛行機）に対して悔しいなんて思わない。「飛行機を作ったのは人間だから悔しくないんだ」って？

そんなこと言ったら、将棋ソフトを作ったのだって人間です。今のところ、「人間を作った機械」は現れてないので、そこまで突き詰めるなら人間はナンも負けてません。

「身体能力で負けるのは悔しくないけど、脳力で負けると悔しい」のでしょうか？　将棋は「知能を競うゲーム」だと思われているから、それで負けると悔しい？　とはいえアタマを使うことに関しても、人間は既にあれこれ機械に負けてますよね。

「くそー、俺の電子辞書は広辞苑含め36冊も丸暗記してるんだぜ。俺がまだ1冊も暗記できてないのに！」とか思わないっしょ。「暗記」でボロ負けしてることを、私たちは屁とも思ってない。計算だって、100均で買えるちゃちい電卓でさえ、589657 ÷ 358748 の答えを一瞬で表示するけど、あたしはまったく悔しくありません。鉄道オタクの人だって、渋谷から京都経由で福井まで行く最短経路を、ヤフー路線などのウェブサービスが一瞬で教えてくれても、別に悔しくはないですよね？

この前、プロ棋士の方に「詰将棋でソフトに負けてるのって悔しいですか？」って聞いたら、「全然悔しくない」とおっしゃってました。詰将棋とは、王手を続けながら王将を詰ませる手順を探し出すゲームで、こういう「正しい答えがひとつ」のパズルが、コンピュータはとても得意です。そして、プロでも1時間以上かかる何百手の詰将棋をソフトが数分で解いても、プロ棋士は「別に悔しくない」わけです。

つまり、身体能力はもちろん、頭を使うことにおいても、

・暗記
・計算
・正しい答えがひとつだけ存在するパズル的な問いの答えを探す問題解決

に関しては、私たちはもう機械に負けても、あんまり悔しくないんです。

将棋の場合は、大局観と呼ばれる形成評価の判断力などが（現時点では）チャ

レンジを受けてるわけですが、これだってそのうち機械に負けてしまう可能性は、大いにあります。たとえば天気予報に関しても、今ではコンピュータの判断のほうが、人間より正確だと言われています。こういうの、気象予報士の方は悔しいかもしれませんが、私はまったく悔しくありません。

私の専門である「文章を書くこと」に関しても、ニュース報道を元に自動的に文章を書くソフトが現れ、それが「Chikirinの日記」より人気化したら、悔しくないとは言わないけれど、それもすぐに慣れそうです。特に、今ブログを書いていない人にとっては、悔しくともなんともなく、「超便利なソフトができた！」というだけでしょう。

結局のところ、「自分と直接的に競合しない限り（＝自分の仕事を奪わない限り）、コンピュータがどんどん進化するのは非常に良いことだ」と私たちは考えています。だから人間がやってることの多くは、これからも次々と機械に置き換えられていくでしょう。そして、（今までもそうしてきたように）私たち人間は、

「現時点では機械にはできない分野」に逃げ込んでいくしかありません。

でも、それって何分野なのでしょう？　創造力？　感情に訴える部分？　このあたりも、永久に負けないとは言い切れませんよね。コンピュータが自動で描いた絵が、人間の描いた名画より感動的なものになり、「いやー、最近のコンピュータはいい絵を描くようになりましたねー」みたいな日が来るかもしれない。

感情表現についても、コンピュータが「もう少しゆっくり、こういうトーンで話したほうが、相手に気持ちが伝わりやすいですよ」と（謝り方が上手い人の膨大な話し方事例を分析した上で）教えてくれたら、そういうのが不得意な人にはとても便利なはず。

体力から始まって脳力のアレコレ、感情分野から創造力の必要な分野も含め、人間は今後、益々広い分野で機械に勝てなくなるでしょう。そのたびに「人間にしかできない」分野に逃げ込むことを撤退戦と考えるか、それとも「機械ができることは機械に任せ、人間は、自分が楽しいことだけをやればいい」とポジティブに捉えるか。たしかにそれも、悪くないかもしれません。

そんじゃーね

（2013年6月5日掲載）

GROWTH

始点に立っていても、ゴールまでの道筋は見えません

「ちきりんさんは、ブログの読者やツイッターのフォロワーを集めたり、ヤフーオークションでモノを売ることで『市場で稼ぐ力』が身につくと言うけれど、そんなことで稼げる額はごく僅かで、食べていけるだけのお金を得るまでには大きな隔たりがある。その距離はどうやって埋めればよいのか？」と、講演会の質疑応答の際に聞かれました。

たしかにその通りですよね。質問の趣旨も、不安な気持ちもよくわかります。

この質問に対する私の回答は、次のようなものでした。

目指しているゴールと、今、自分が立っている地点との距離は、通常とても

離れています。そして、その地点からゴールに辿り着くまでのステップや道筋も見えていないことが大半です。でもその間の道筋が全部きれいに見えてから歩き始めようと考えている人が、ゴールに辿り着くことは決してありません。

辿り着けるのは、ほのかに見えるゴールに向けて、今できることを実際にやってみる人、最初の一歩を踏み出してみる人です。なぜなら、実際に一歩を踏み出すと、そうする前には見えなかった「その次のステップ」が見えてくるからです。それをひとつずつ進んでいくと、ある日ゴールに辿り着くんです。

たとえば、今の私が立っている場所、10万人以上のブログ読者を抱え、本を出せば平均部数が7万部、500人の有料講演のチケットが1週間で売り切れる……ブログを始めた8年前の私には、そんな「今のちきりん」に至るまでの道筋は、まったく見えていませんでした。「こうやって、ああやって、その次にこれをやれば、ほぼ確実に人気ブロガーになれる」なんていう方法論は存在しないんです。

だから「自分もそうなりたい！」と考える人にできる、もっとも意味のある最初のステップは、どうしたら人気ブログが書けるのか、あらゆる手段を尽くして研究することではなく、「ブログを書き始める」ことです。

この「最初の一歩を踏み出すこと」は、多くの人が思っている以上に重要です。**なぜなら一歩踏み出した時に見える景色は、今立っている地点から見える景色とは、まったく違っているからです。**一歩進むたびに異なる景色が現れ、一歩進むたびに取りうる選択肢が増え、今まで思いつかなかったアイデアが出てきます。一歩を踏み出すことで、その一歩を踏み出す前には（＝その一歩を踏み出さない人には）決して手に入らない、極めて貴重な情報が手に入るのです。

それなのに、「始める前に、ゴールまでの道筋を徹底的に研究しよう！」とか、「この道を行けば大丈夫だと、ある程度、見えてきたら歩き始めるつもり」などと考えていると、いつまでも動くことができず、ずっと同じ場所に立っていなければなりません。そんなところでいくら考えていても、ゴールには1ミリたりとも近づけないでしょう。

一歩を踏み出すんです。そして、その次もまた一歩を。それを続ければ、どこかに辿り着きます。それは、当初、自分が想定していた場所じゃないかもしれません。むしろ「想像もしていなかったどこか」に辿り着くことのほうが多いでしょう。私自身も、まさかこんな場所に到達するとは想像もしていませんでした。始点において、ゴールまでの道筋が見えていないことを不安に思う必要はありません。既にゴールに辿り着いた人でさえ、最初からそんなものが見えていた人は誰もいません。それは各人が、自分の足で一歩ずつ進みながら、見つけていくものです。てか、ゴールに到達している人は、みんなそれをやったから、今いる場所に到達できているのです。

そんじゃーね　（2013年8月30日掲載）

CAREER

仕事と家庭の両立なんて目指すのやめたらどう？

ふたりの子供を持つ夫婦で、女性側が関西に単身赴任をしているという家庭が、テレビで紹介されていました。会社には、育児や介護のため転勤を数年間猶予する制度もあるのですが、この女性は「その制度は子供が学校に行き始め、いろいろ相談にのってあげたいタイミングで使いたい」と考え、今は敢えて制度を利用しないと決めたとのこと。ちなみに、子供は2歳と5歳くらいでした。

また、今回の転勤により女性は、出産後、働く時間を抑えるために就いていた内勤の仕事から、花形の営業部門に戻れており、転勤を避けなかったことでキャリアアップにもつながったとのこと。

彼女は毎週末、赴任先の関西から東京に戻って来るほか、毎朝インターネットを使い、子供&夫と一緒に（画面をはさんで同時刻に）朝ご飯を食べています。
一方の男性（父親）は、東京でふたりの子育てをしながら働いています。「会社には申し訳ないけれど、残業はしないという働き方をさせてもらっている」と。もちろん保育所も利用しています。夫曰《いわ》く、「大変だけれど、妻が子育てのため仕事をセーブしているのは申し訳なかった。だから今は自分がサポートしたい」とのこと。

まとめるとこんな感じです。

・女性も男性も、正社員として働いている。
・女性が働く会社では、女性にもキャリアアップの機会が与えられている。
・本人が望むなら、介護や育児のために転勤を数年猶予する制度もある。
・同じく本人が望むなら、内勤に異動し、仕事をセーブすることもできる。
・男性の会社も、子育てのために一切残業しない働き方を認めてくれている。

・男性は仕事をしながら、平日は自分ひとりでふたりの子供を育て、家事をこなすだけの覚悟を持っている。
・夫婦、子供とも健康で、親の介護などの問題はまだ発生していない（ようでした）。

すごいですね！　夫婦ふたりとも、勤める会社にも能力にも健康にも恵まれ、見事、仕事と家庭の両立に成功している例だと言えるでしょう。

で、あたしの質問は「みんなホントにこんな生活がしたいの？　これが理想の生活なの？」ってことです。就活中の女子ってすぐに「仕事と家庭の両立は可能ですか？」みたいな質問をするけど、そういう子たちって、こういう生活に憧れてるんでしょうか？

ちょっぴり想像力のある人ならわかるはず。こういう生活が、どれだけ大変か。月曜から金曜日までバリバリと働き、金曜の夜に新幹線に飛び乗って、月曜の早朝にまた東京駅に向かう。そのためには洗濯や掃除などすべての家事を、平日、仕事が終わった後に片付ける必要がある。関西の家は「寝るだけ」の家になり、毎日の食事だって、きちんとしたモノを食べるのは至難の業でしょう。しかもせっかく数年間、違う地域に住んでいるのに、その地の文化を経験するために使われる週末はひとつもない。

コレが本当に、みんなが求めてる「仕事と家庭の両立」？

ゴールを間違えてたら、苦労してそこに到達しても誰も幸せにはなれません。だからよく確認してね。このふたりのしている生活が、みんなの理想なの？

ここでちょっと、別の姿も考えてみてほしい。

女性にキャリアアップにつながる関西転勤の話が出た時、男性側が仕事を辞め、家族で関西に引っ越す。家族4人で数年間、関西に住む。最初の1年は、男性は育児と家事を担当し、その後は関西で就職して仕事をする。もちろん週末には、家族みんなで京都や瀬戸内など、関西の名所や自然を楽しむ。

何年か関西で働いた後、男性側が勤める企業がアジア進出を決め、男性に香港転勤を打診。おもしろそうな仕事だということで、今度は女性が会社を辞めて、一家全員で香港に引っ越す。

香港で最初の1年、女性は現地の大学付属の語学学校に通い、英語と中国語を習う。香港では安くお手伝いさんも雇えるので、家族の時間も確保できる。

その後、女性は香港で新たな職を見つけて働き始める。

数年後、男性に日本への帰国辞令が出るが、家族全員で話し合い、男性が退職して（他の仕事を香港で探すことにし）、当面、子供の教育にキリの良いタイミングまで香港で暮らすことを選ぶ。


これなら家族は一度も離れずに済むし、関西や香港など、縁あって住むことになった土地を、家族みんなで楽しめます。

どうでしょう？　私ならこっちのほうを「目指すべき姿」に設定したいです。

転職を繰り返すなんて難しすぎるって？　でもね、仕事と家庭の両立だって十分に難しいですよ。どっちも〝無理ゲー〟と言えるほどに難しいんだけれども、じゃあ「実現できたら嬉しいのはどっちなの？」「どっちを目指したいの？」ってのが、私の質問なんです。

ホントに最初の姿を目指したい？　2番目の姿のほうが、目標としては妥当だとは思わない？

この国では終身雇用を前提としてすべての社会問題を解決しようとするから、睡眠時間もまともにとれないような過酷な生活を「仕事と家庭の両立」とか言って、みんなで目指すことになるんです。子育てで会社を辞めたら、同じレベルの報酬と、同じレベルの成長機会が得られる仕事には、もう二度と就けない。だからどんなに過酷な状態でも仕事は辞めず、ヨレヨレになりながらも「仕事と家庭を両立させねば！　ブヒー！」みたいになる。

終身雇用至上主義と、日本企業の「社員抱え込み発想」が生む両立神話が、多くの人を疲弊させているんじゃないでしょうか。「仕事と家庭が両立できる社会」

なんかじゃなく、「両立なんてできなくても、なーんら問題のない社会」を目指したほうがいいのでは？

「23歳で新卒就職した会社に65歳までの42年間、勤め続けなければならない」という前提の上で、仕事と家庭をむりやり両立させようとする社会ではなく、数年間のインターバルや、非正規雇用の時期や、（夢を追うとかモラトリアムとか含め）人生において個人的な試行錯誤をしていた数年間を挟んでも、いつでもやりがいと適切な報酬を得られる仕事に戻れる——そういう流動性の高い社会をこそ、私たちは目指すべきなのでは？

そんじゃーね

（２０１４年６月11日掲載）

CAREER

将来有望な若者の将来価値を毀損する、大きなワナ

最近、若くして起業したり、小さいけど伸び盛りの会社で働いている若い人から、日本の大企業について「驚いた」「あんぐりした」的な話を聞きました。たとえば「なにかコラボできるんじゃないか」と先方から言われて会ってみると、最後には「まあ、半年くらいかけてじっくり検討していきましょう」と言われてのけぞったとか、向こうから呼び出しておきながら「うちと取引したい会社はごまんとある」とエバりくさってる。これはいったいどういうコトなんですかねと。

そういう話を聞いて「まっ、日本の大企業ってのはそんなもんなのよ」と説明しながら、内心では「なんか既視感のある会話だなー」と思ってたんです。で、考えてみたらコレ、欧米企業に勤める海外のビジネスパーソンが（昔）よく言っ

てました。

ちきりんが卒業したアメリカの大学院の同級生の多くは、シリコンバレーの会社に職を得たり、東海岸で金融業界やコンサル会社に就職しました。彼らは卒業後に日本の大企業と取引する機会があると、あまりに商慣習が違うのでびっくりたまげるわけです。あの頃は彼らに会うと、「いったい日本の会社ってどうなってんの⁉」とよく聞かれました。

「だってさ！　日本から5人も出張してきてるんだよ。それなのに『じゃあこれで合意ですね』って段になると、『いや、最終的には日本に持ち帰らないと決められない』って言い出す。だったらなんで決められる人がこないの？」とか。

「なんですべてが月単位でしか進まないの？」「一番エラいっぽい人が、ミーティングでまったく発言しないのはなぜ？」「部長にメールを出してるのに、なぜかいつもスタッフの人から返事がくるんだけど、コレ、どういう意味？」とか……。こういうの、説明するのは本当に大変でした。

でもいつからか、外国人からそういう質問を受けることもなくなってたんです。

それは日本の大企業が変わったからではなく、先方に、そんな意味不明な日本の大企業と、わざわざつきあう必要がなくなったからでしょう。

以前は、日本市場は圧倒的に魅了的な市場だったし、日本企業の資金量は半端じゃなかった。その上すぐれた技術を持っていた。だから「なんか意味不明だな……」と思っても、彼らは頑張ってそれを理解し、なんとかつきあっていこうとしてたんです。

でも今は違います。アジアで最も有望に見える市場は中国だし、つきあう必要があるのは、サムスンだったりフォックスコンだったりする。韓国企業や中国・台湾企業との間でも、それなりに欧米企業との常識の差はあるけれど、ITを使いこなし、英語でコミュニケーションできる企業トップのビジネス常識は、欧米企業と同じです。そしてそのうち彼らも、「よくわかんない日本の大企業」のことなど忘れてしまったというわけ。

ところが、それから20年。最近は日本の若い人が同じことを言いだしてます。

「日本の大企業、わけわかんなくないっすか？」「なんなんすか、あれ⁉」と、今や同じ国の若者が言いだしてるんです。

コレ、すばらしいですよね。日本の若者もちゃんと、「世界の常識」を身につけつつある。「えらいじゃん！」と思います。

なんだけど、その一方でいまだにそういう大企業に、嬉々として就職していく若者もいます。人気ランキングのトップに君臨する名だたる大企業から内定を貰った彼らは、自分たちがそこで学ぶことになるビジネスの常識が、世界のビジネス常識とはまったく異質なものであることなど、想像もしていない。

誰でもそうだけど、働き始めて最初の5年間で学んだことは、その後も長くその人の考え方や働き方に影響を与えます。みんなこの期間に「ビジネスのイロハ」を学ぶのです。でもその「イロハ」が余りにも世界の常識とずれていたら？

日本の大企業に就職していく学生たちの中には、「就職状況の厳しい中でも、自分はちゃんと評価されて選ばれた！」とか、「まずは大企業でしっかり学べば、実力がつく」と考える人も多そうです。人材育成制度がしっかりしているという理由で、大企業を目指す人も多いでしょ。

でもね、**「完全に周回遅れです」みたいな場所で人生最初の職業訓練を受けることが、どれだけ自分の将来価値を毀損する可能性があるか、**よーく考えたほうがいい。特に「素直で一生懸命学ぶ人」が受ける害はとても大きい。それは、「なんだかんだいっても安定してるし」「福利厚生もしっかりしてるし」みたいなメリットとは、とても相殺《そうさい》できないくらい大きなダメージになる。てか、そもそも「充実した福利厚生」なんかと交換に、「自分の将来性を毀損する可能性」なんか受け入れたら話にならんでしょ？

そんじゃーね

（2011年8月7日掲載）

CAREER

ちきりん最初の職業選び

私も大学生の頃には、ちゃんと将来の仕事について考えました。まずは大学に入った直後に「もう試験を受けるのは止めよう」と思いました。試験で絞り込まれた人しかいない組織は、まったくおもしろくないと気がついたからです。中学校まではいろんな人がいておもしろかったのに、大学に入ったらあまりに人が似ていて驚きました。そして、「これ以上試験を受けたら、周りの人がさらに画一的になりそう」と怖くなり、法学部だったけど司法試験も公務員試験も受けませんでした。

一方、大学在学中には、たくさんのアルバイトをしました。最初は時給の良い家庭教師をやってみました。ところが私はコレに耐えられず、数ヶ月で辞めてしまいます。教えていたのは私立中学校の男の子で、高校、大学まで続く付属校なのですが、成績が悪くて付属高校への進学が危ぶまれており、家庭教師をつけたいとお母様がおっしゃっていました。でも……仕事はまったくおもしろくなかった。その子は勉強なんて好きじゃなかったし、勉強が得意とも思えませんでした。おとなしく素直な子で、彼自身も「お母さんに悪いから頑張る」だけ、私もお金を貰っているから教えているだけでした。

最初の中間試験で、男の子の成績は少しだけ良くなりました。本人もご家族も喜ばれましたが、私は「この仕事を続けるのは無理」と思いました。ある時、珍しく在宅されていたお父さんが、「○○の成績があがったのよ。先生に挨拶を」とお母さんに促され、深々と頭をさげて「先生、よろしくお願いいたします」と言われました。私はびっくりして戸惑いました。必死で働いて一家を支えているお父さんが、大学名がいいだけの小娘にこんなにへりくだる必要があるとは思えなかった。自分の父親にこんな行動をとらせる20歳の学生がいたら、とても気分が悪いだろうと思いました。

約束した数ヶ月が終わった時、続けてくれと言われたけど、お断りしました。行くのが気が重いような仕事を続けるべきではありません。この経験で私は、「お金じゃないよね、仕事は」と理解したのです。

家庭教師に匹敵する時給を貰える仕事としては水商売がありました。仕事はおもしろかったけど、同僚の女の子たちの生活が余りに余りで衝撃でした。妊娠したり中絶することを、食べ過ぎておなかを壊す程度の失敗に考える人が存在するのだと、初めて知りました。いつの間にかテレビに出ていたり、AVに出ていたりする子もいました。当時はバブルが始まる直前で、「女子大生」は最強のブランドでした（まだ女子高生以下は商品化されていませんでした）。

とてつもないお金の使い方をするおじさんたちがいて、女の子たちもみんな興奮していました。「お金が世の中を動かしているんだ！」と感じ、メーカーより金融業界に就職するほうがおもしろそう！と考えました。

いろんな人と話すのは楽しく、客商売は向いているとわかったのですが、「お店でお客さんを接待する」のは不向きだと感じました。「店で客を待つ」のはとても受身な仕事です。おもしろいお客さんが来ることもあるのですが、そうでない日が続くこともあります。誰に会えるかは、自分では決められません。なので、「小売店や飲食店より、外回りの営業のほうがいいなー」と思いました。

セブン-イレブンでもアルバイトをしました。今ほどではありませんでしたが、コンビニの商売の仕組みはゾクゾクするほどおもしろいものでした。途中からバイト管理や発注もやらせてもらい、それらを通して、オーナーの働きぶり、バイトの管理、棚作り、(売れ残ると廃棄リスクのある弁当など)日販モノの発注リスク、フランチャイジーとザーの関係など、学校では学べないリアルなビジネスに触れました。巨大な会場に様々なタイプのコンビニの棚が大量に再現されている本部主催の勉強会の会場を歩きながら、「ビジネスの仕組みを考えるって、めっちゃおもしろい!」と興奮しました。

そんなある時、友人が一緒にビジネスを始めようと誘ってきたのでやってみました。一流大学のモテない男子学生に、女子大生との合コンを斡旋《あっせん》する事業です。あちこちの学食に潜入してテーブルにビラを撒きながら、「お嬢様学校ってこんな雰囲気なんだーーー」と驚きました。ただ、イチから事業を興すというのは(こんなにシンプルな商売でさえ)、ものすごく大変だと知り、驚きました。女の子が集まらなくて自らコンパに参加したりしていると「なにやってんねん」感にも襲われました。

一番困ったのは、携帯もなかった時代なので、客からの電話を待つためには遊びにいくこともできなかったことです。私はこれでストレスがたまりました。「自分には土日や有給休暇など、ちゃんと休みが確保できる会社員が向いている」と感じました。

当時、国際電話を独占していたKDDの交換センターが新宿にあり、そこで交換手のアルバイトもしました。簡単な英語が必要で、時給が良かったのです。フィリピンの女の子から経営者への、「しゃちょさんにつないで」みたいな電話もたくさんありました。そんなコレクトコールに応じる経営者がいるなんて、初めて知りました。「えっ、この電話を会社につないでいいの？？」って。

おもしろかったけど、コールセンターで働くのも私には無理とわかりました。結局は同じような電話ばかりで、1ヶ月もたつと一日数時間でも飽き飽きしました。周りには何年もやっている人がいて、「あたしって忍耐力ないなー」と気がつきました。この仕事、募集広告には「英語が活かせる国際的な仕事」と書いてありました。「国際的な仕事とか、けっこうマユツバだなー」と募集広告の読み方も学びました。

飲食店のバイトでは、仕込みや調理補助、接客、皿洗いなどをしました。毎日大量のジャガイモの皮をむきました。手が荒れて荒れて悲しかったです。そういうところで何年も働いている母子家庭のお母さんや中国人留学生に会って、恥ずかしながら「日本にこういう生活をしてる人がいるんだ」と初めて知りました。

昔、学生運動家だったという人がひとりでやっている、カウンターだけの小さな居酒屋でもバイトをしました。ここで一番感謝しているのは、料理を覚えたことです。このため私の作る料理はいまでも、「居酒屋のおつまみみたい」と言われます。この店のお客さんには個性的な人が多く、大学では出会えないような、いろんな人に会いました。世の中広いなーと思いました。

当時の女子の就職活動は（男子の内定が全部でた）4年生の夏くらいから始まっていました。バブルが始まりかけとはいえ女子は門前払いという企業も多く、男子に比べれば圧倒的に厳しい就職活動でしたが、一方で大学の名前はすごく有効で、親が子供に勉強させたいと思うのは極めて合理的なのだと理解しました。

ようやく女性も普通に雇ってくれる金融機関を3つ見つけて、応募しました。うちひとつの金融機関では、面接官が（ほぼセクハラと言える）あまりにもふざけたことを言うので、私は面接途中で怒って帰ってきました。帰り際に本社ビルを見上げながら「こんな銀行、潰れるぞ！」と悪態をついたのですが、そしたら

(ずっと後ですが)本当に潰れたので驚きました。

あと、就職活動の最初の頃にBCGとかいう聞いたことのない会社から「1週間で10万円!」というバイト(インターン)の募集葉書がきていました。「こんなの洗脳系の宗教に違いないっ」と思ってすぐに捨てました。今でいう「情弱」=情報弱者な学生だったのです(BCGというのは、ボストンコンサルティンググループという有名な外資系企業です)。

というわけで、資格試験も受ける気にならないし、家庭教師もすぐ辞めちゃうし、店舗型接客業も続かなかったし、オペレーターも飽きちゃうし、起業も全然向いてないし、情弱だったけど、**「会社員としてお金の力のダイナミズムに触れられて、ビジネスの仕組みが見えて、いろんな人に会える仕事がしたい!」**と思っていたら、その通りのキャリアを(その後)歩むことになりました。大学生くらいになれば、自分がどんな性格で、どんな生活がしたいのか、だいたいはわかっているということなのでしょう。

このように私には、「耐えられなくてすぐ辞めた仕事」がたくさんあります。

この、「コレも合わない、今度の仕事もおもしろくない」っていうのを、学生時代ではなく卒業後にやっていたら、いわゆる「職を転々としたが、どれも長続きせず」な人になってしまったはずです。

だから、**「合わない可能性のある仕事はできるだけ学生の間にやっておけば？」**と思います。学生の間って、「仕事をすぐ辞めても誰も気にしない」という意味で、ものすごくリスクフリーです。

そんじゃーね

（2011年1月6日掲載）

CAREER

新4つの労働者階級

階級といえば「資本家vs.労働者」や、「経営者vs.雇われ人」という構造が定番ですが、最近は働く人の中に、新たな4つのグループが生まれてきています。

図表②では、働く人を4種類に分けています。一番上の（1）の人は、「システムを作る人」で、ビジネスシステムや、国のシステムを作ります。ここでいうシステムとはITのことではなく、「物事の仕組み」です。「こういうビジネスをやろう！」とか「こういう制度を作ろう」という構想を考える仕事。こういう仕事に就く人の数は、ごく僅かです。

（1）の人は全体の構想が決まると、（2）の人に「具体的な仕組みを作ってく

図表②　4種類の労働者

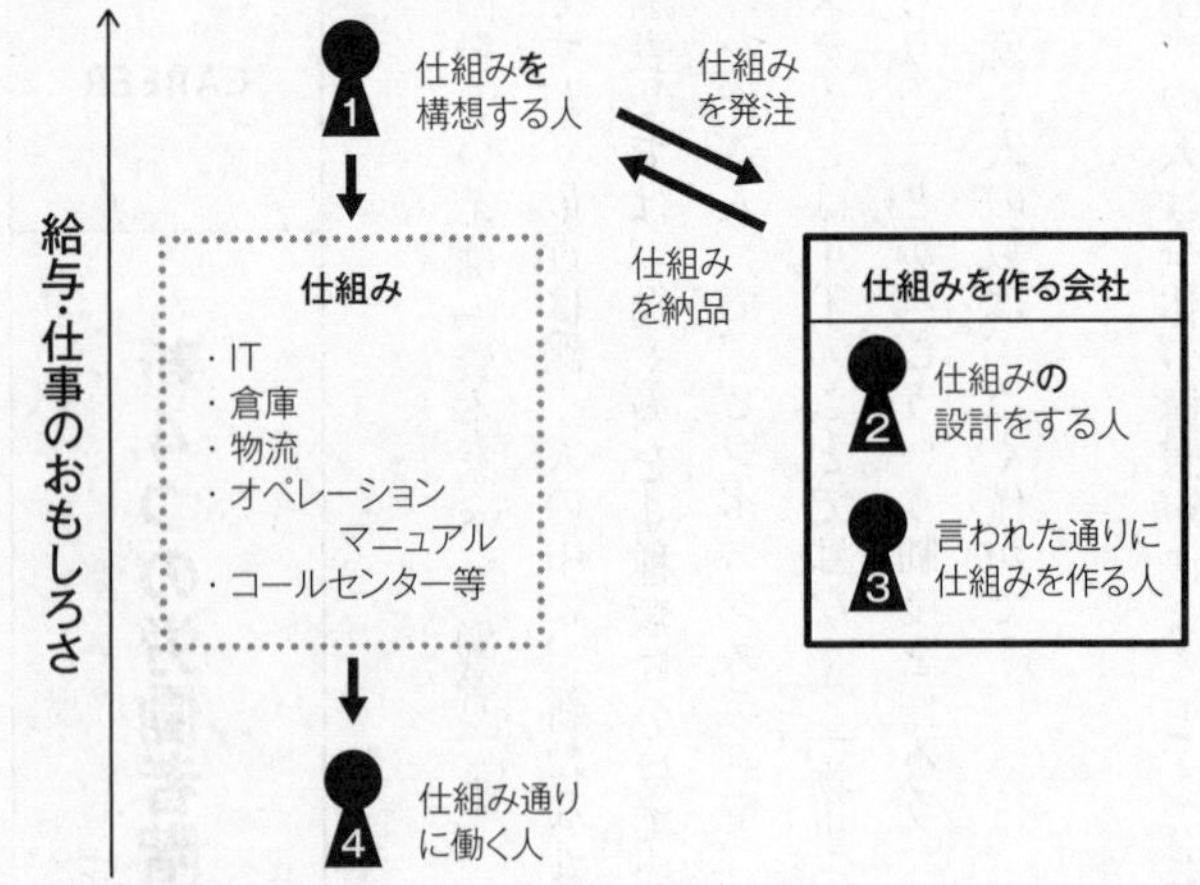

れるよう」依頼（発注）します。代表的なものはＩＴシステムですが、それ以外でも、物流システム、マーケティングや広告の仕組み、コールセンターや店舗設計など、たくさんの仕組みを作る必要があります。

（２）の人は各分野のプロとして、（１）の人が求めるものを具体的なスペックに落とし、どの程度の予算が必要になるか見積もり、（１）の人と話し合いながら詳細設計を提案します。

詳細スペックが決まれば、（２）

の人が属する会社は、（3）の人に作業を命じます。プログラムを書いたり、店舗を改装したり、広告に必要な写真を撮ったり、コールセンターに必要な人員を募集して採用する、そんな仕事です。

作業が終了すると、（2）&（3）の人がいる会社は、（1）の人に、できあった仕組みを納入（納品）します。そしていよいよ、全体としてのビジネスや制度が動き始めます。この後、実際のオペレーションを担うのが（4）の人です。コールセンターで電話応対をしたり、倉庫で必要な商品をピックアップしたり、工場で組み立てたり、箱詰めして発送伝票を貼ったりします。（4）の人たちはほぼ100％が非正規社員で、時給で働いています。

4つの職業には、次のような特徴があります。

・上にいくほど給与が高い
・上にいくほど仕事は非定型、かつ「ゼロから考える仕事」であり、下にいくほど「余計なことは考えるな。それを考えるのはお前の仕事ではない」と言

われる

・上にいくほど仕事をおもしろいと思っている人が増える

・上にいくほど人数は少なく、世の中の大半の人は（3）か（4）として働いている

・（3）と（4）には、時給で働く人が多い。（3）には正社員の人もいるけれど、サービス残業も多く、実質的な時給は（4）と変わらなかったりもする

・（3）の人は将来（2）になれる可能性があるけれど、（4）の人は一生（4）のまま

・（2）の人のなかには、会社を辞めてエキスパートとして独立する人もいる

・（1）の人には、公務員などの超保守エリートと、自分で事業を始める起業家（リスクテイカー）が混在している

これら4種類の仕事は昔からありました。しかし高度成長期の日本では、「全員が（4）から始め、成果によって段階的に選抜されながら、年齢を重ねるごと

に（3）、（2）、（1）と上っていく」モデルが存在していました。

新入社員は、まず全員が何年か（4）の仕事を経験してから、（3）の仕事につかせてもらい、また何年もたってから（このあたりから選抜が始まり、タイミングには相当の差がつくものの、順次）（2）の仕事に移っていく。それに応じて給与も少しずつ上がっていく。これが、終身雇用組織における年功序列システムだったのです。

しかも高度経済成長期には、事業拡大に伴っていくらでも子会社が作れたので、「あなたは子会社の（2）をやってください」とか「孫会社の（1）にどうぞ」という形で、ほぼ全員にそれなりの処遇が用意できました。だから（4）の仕事をしている人も「今の仕事はつまらないけど、将来は……」と夢を持つことができました。

しかし、今は違います。多くの企業では成長率が鈍り、上に進める人の数が大きく減ってしまったため、（4）の位置にいる新入社員は、「この制度は、自分が（2）になるまでもたない」と感じ始めます。このため外資系企業に転職したり、

図表③　分離された4種類の労働者

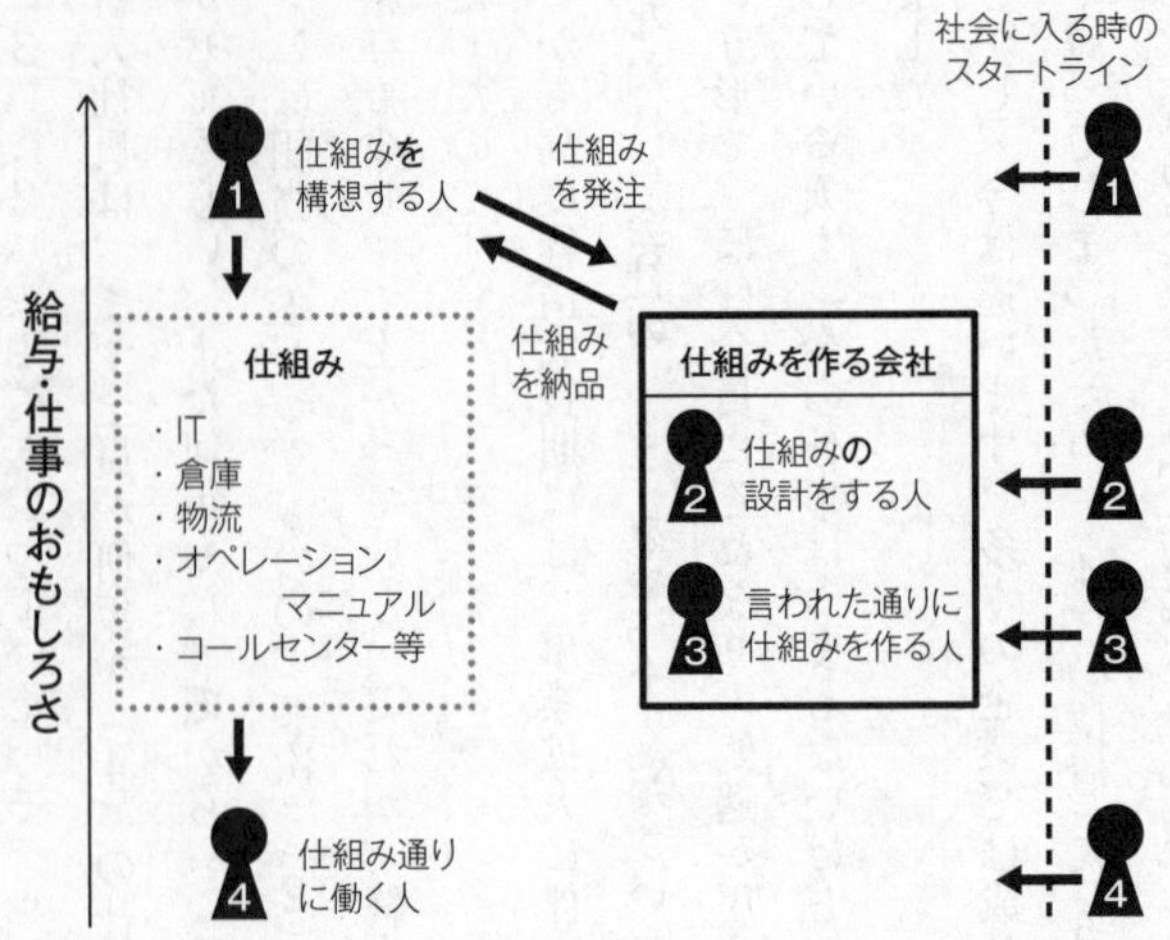

自ら起業することで、若くして（1）や（2）に飛び移ろうとする人が現れます。

しかもそんな中でグローバリゼーションが始まり、4つのポジションにいる人たちは、それぞれ海外のライバルとの競争にも巻き込まれます。

（1）にいる起業家がオンラインショップを立ち上げ大成功したのに、海外企業であるアマゾンが殴りこみをかけてくるとか、運輸政策の責任者として「成田はアジアで一番の空港だ！」と思っていたら、シンガポールや韓国の空港にその座を奪われるといったことが起こっています。

（2）の人たちも、海外ベンダーとの競争にさらされはじめています。さらに（3）や（4）の人たちは、ベトナムや中国の労働者と、人件費を比較される時代になりました。

これにより、従来は縦に連続的につながっていた（1）から（4）の仕事は、横に分断されはじめます。（1）は（1）、（4）は（4）であり、時間がたてば（4）の人もいつかは（1）になれる、なんてことはもう起こらない時代になったのです。

図表③をご覧ください。昔は全員が（4）からキャリアをスタートして、順次、（3）（2）（1）と上がってきていたのに、今や（1）の人のポジションには、最初からそういう教育を受けた人が横から入ってくるのです。そうでないと、世界における競争に勝てません。

右側に付け加えた縦の点線は、新規の労働者が社会に入ってくる時のラインです。以前は（4）の下に横にひかれていた「社会人になる時のスタートライン」は、今は縦の線になり、学生が社会に入るその瞬間から「どのポジションとして働くか」が決まってしまうようになっています。

このように、現代における労働者は、

（1）システムを構想する人（システムより上に位置する）
（2）構想されたシステムの実現に必要な各機能パーツを、具体的に設計する人
（3）設計された各機能パーツを製作する人
（4）システムに沿って働く人（システムの下に位置する）

という4つに分断されてしまったのです。

そんじゃーね

（2010年9月14日掲載）

RELATION

摩擦回避か生産性重視か。コミュニケーションのトレードオフ

コミュニケーションをとる際、生産性を優先すべきか、それとも、できる限り摩擦を避けるべきか、というトレードオフが生じます。

たとえばランチについて3人で話し合う場合、全員が摩擦を避け、「なんでもいいよ」と自分の好みを言わないと、「何を食べに行くか」という結論を出すのにすごく時間がかかります。一方、ひとりひとりが「中華かハンバーガーが食べたい」「オレは和食がいいが、中華でもいい」「オレは和食だけはイヤだ」と自分の主張を明確にすれば、「じゃあ、中華に」とすぐ結論がでます。

このように、個々人が主張を明確にしたほうが結論が早くでる（＝コミュニケーション効率が高い）ことは間違いないのですが、そうすると意見の相違も明

確になるため、個人の主張を明確にすることを嫌がる＝できるだけ避けたがる組織や個人も存在します。個人や組織の性格によって、どちらを優先すべきかという志向が異なるのです。

一部の人は、「この優先度が人や組織によって異なる」こと自体を意識していません。だから、自分より生産性重視の人に会うと、「あの人はずいぶんズケズケとモノを言う」と不快に感じるし、反対に自分より摩擦回避重視の人に会うと、「何が言いたいのか全然わからない」とイライラします。

一般的に、外資系やベンチャー企業では「少々摩擦が生じても、生産性を重視すべき」と考える人が多く、保守的な日本の大企業では「できる限り摩擦を避けるのが大人の作法」だと考えられています。

だから、日本の大企業から外資系やベンチャーに転職すると、「すごいギスギスした職場だ！」と感じたり、「攻撃的な人が多い」と戸惑ったりします。「この組織は、摩擦回避より生産性を優先する組織なんだ！」と気がつかないからです。

反対の方向に移動した場合は、「おっとりした会社だな」と感じ、「みんなもうちょっとはっきりモノを言ったほうがいいのでは？」と感じます。摩擦を避けようとするあまりコミュニケーションが不明確になり、そのために誤解を生じたりすると、「こんなやり方をするのは、あまりに非効率では？」と考えます。この「コミュニケーションにおける、生産性と摩擦回避の選好度レベル」は国によっても大きく違うので、日本からアメリカや中国に行った場合なども、その違いに驚く人はたくさんいるでしょう。

効率がすべてと考える企業では、みなが「摩擦を避けるな！」と教えられており、そういった組織内でのコミュニケーションは、摩擦回避型の人にはめちゃくちゃアグレッシブに見えます。

でも本人たちはそれを「素早い意思決定ができる効率的で理想的なコミュニケーション方法」だと思い込んでいるため、多くの社員が自宅でも同じような話し方をして、家族を怒らせたりします。家族なら後から関係修復もできますが、会社でやっている生産性重視のコミュニケーションを私的な関係に持ち込んで、友達関係や恋人関係をぶっ壊してしまう人もいます。

私が長く勤めていた外資系企業でも「摩擦を避けず、最も生産性の高い方法で議論する」のが組織のルールでしたが、これを外部の人とのコミュニケーションに持ち込むとトラブルが起こりかねないので、外の人と話す際にはそれなりに気を遣います。

特に初めて会った人については、相手の「生産性と摩擦回避の選好度合い」を注意深く探りながら、そのレベルに合わせて自分の話し方を調節します。さらに相手が摩擦回避型の場合、「結局、あなたの言いたいことは何?」を探るために、こちら側が頭をフル回転させる必要もあります。だから、そういうことを気にしなくていい、同じルールで話す人との会話は、めちゃくちゃラクに感じるわけです。

誰でも、初めて社会人になった時に所属した組織や業界のスタイルを「世間一般のスタイル」だと思い込みがちです。でももしかするとそれは、ものすごく極端な場所かもしれません。自分や、自分が所属する会社、業界が、世間的に見てどれくらい生産性重視側、もしくは、摩擦回避側に偏《かたよ》っているのか、一度は意識しておくとよいでしょう。

そんじゃーね

（２０１１年10月25日掲載）

RELATION

得るモノ、失うモノ

飲み会の支払いの際、たまたまAさんに持ち合わせがなく、同僚のBさんから千円を借りました。すぐ返すつもりが多忙な日が続き、顔を合わせないまま1ヶ月が過ぎました。期限も決めていないし催促もされなかったので、「忘れてるかな。今頃言い出すのもどうかな。たいした額じゃないし」と思っているうちに、そのままになってしまいました。このことで、Aさんが得たのは「千円」、反対にAさんが失ったのが「信用」です。

ずっと先のある日、Aさんは起業をしました。Aさんは仲間や出資者を募っています。別の飲み会でそれが話題になった時、Bさんはふと昔のことを思い出して言いました。「でもあいつ、ちょっとルーズな面もあるよね」と。責めるふうでもなく軽い調子のコメントで、実際Bさん自身、昔のことをそんなに気にしているわけではありません。気軽な〝つぶやき〟みたいなものです。

でもその場にいた、実は出資を検討していたCさんには、これはちょっとした情報になりました。細かい話はどうでもいいのです。昔からAさんを知っている人に、Aさんが残している印象がどんなものなのか。それが関心を呼びます。出資は融資とは異なり、担保は「お金を出す相手の人」そのものですから。

ここではふたりの行動、言動の妥当性について議論したいわけではありません。書きたいのは、「世の中はこういうふうに動いている」ということです。実際にそういう場面を見ちゃったりすることがある、ってことです。

交渉ごとをして、Eさんの主張が通ったとしましょう。Eさんは「よかった！」と思うでしょうし、「勝った！」と思うかもしれません。でも交渉相手のDさんは「譲った」と思っているし、「譲らされた」と感じているかもしれません。**交渉ごとで自分の主張を通すのは、「借金をする」みたいなものです。**あちこちで交渉ごとに勝っていると、あちこちで「自分に貸しがある」と思う人を増やすことになります。

反対に、何かの交渉ごとの際、「ここはオレが一歩引いておくか」とか「今回は助けてやろう」という判断をしたら？　そういう行為は「貯金をする」のに近い効果があります。これを続けているとあちこちに、「あの人には借りがある」と感じる人が増えるからです。

交渉ごとに強い人の中には「強い立場」を利用して、自分の主張を通そうとする人がいます。相手が断れないとわかっていて、交渉を持ちかけるような人です。もしその交渉ごとが1回だけで終わるなら、そうやって自分の主張を通すのもいいでしょう。でも世の中は続いています。譲らされた人のほうにどんな感情が残るか、いつまで相手がそのことを覚えているか、と考えれば、めったなことで立場を振り回すのは損だと理解できるはずです。

これは社員と会社の関係でも同じです。会社が「コイツに辞められたら困る」と思っているような優秀な社員なら、「この頼みをきいてくれないならボクは辞めますよ」的にチラつかせ、自分の待遇や仕事内容について交渉できるかもしれません。けれどそうやって自分の主張が通った時には、「さて今回の件で、自分が得たものは何で、失ったものは何なのか」と考えてみることが必要です。

自分の主張が通ったのは「自分が優秀だから」ではなく、「相手が譲ったから」「譲らされたから」です。相手に残った感情や、自分に対する相手の印象がどう変わったか、考えてみましょう。あなたが失ったものは決して小さくないのです。

駆け引き、交渉ごと、取引の基本は「何かを得た時は、何かを失う」ということであり、「何かを譲れば、何かを得ている」ということです。「勝った！」「得した！」だけなどということはありえません。だから自分にとってどうでもいいことなら、どんどん人を助けてあげればいいし、譲ればいいのです。それはいわば「世の中に貯金する」行為です。

反対に、あちこちで自分の主張を通すのは、世の中に借金を作って歩くような生き方です。お金の借金は簡単に返せますが、人や社会への借りはなかなかゼロクリアできません。つまらないものを得るために、大事なものを失うのは馬鹿げています。しかもお金の場合、人は自分の借金を自覚していますが、あちこちで自分の主張が通っている人は、自分が借りを作っている、ということに無自覚です。自覚のない借りほど、やっかいなものはありません。

できるだけたくさん、あちこちで譲り、助け、許しておきましょう。それは「社会に貯金をする」、もしくは、「社会に資産を持つ」行為です。わざわざ回収になどまわらなくてもけっこうな確率でそれは戻ってきます。反対に、「ちょっと強く言ってみたら主張が通った」と喜んでいると、増えるのは借りばかりになってしまう。

むやみに人に勝とうとしないこと、むやみに自分の意見を通そうとしないこと。そっちのほうがだんぜん得なのです。

そんじゃーね

（２０１０年12月14日掲載）

RELATION

なぜ昔は、学歴も年収も低くても結婚できていたのか

「結婚できない若者」を特集するテレビ番組を見ました。「男女とも、結婚したいのに結婚できない人が増えている」というもので、28歳、中小企業勤務で年収300万円、活動的で誠実そう、見た目も好青年で、でも「学歴はない」という男性が登場。彼は結婚紹介所に入会したけど、200人近い女性に、会うことさえ断られたとのこと。番組では、女性は男性に年収600万円以上を望むけれど、未婚の若い男性にそんな高い年収の人は多くない。だから年収の低い男性の未婚率が高くなるのだと解説されていましたが、これ、本当でしょうか？

女性側の立場で考えれば、この男性がお見合いを断られるのは、不思議でもなんでもありません。彼は今28歳です。ということは、彼がデートを申し込んだ女

性200人も、20代の人が多いのでしょう。

でもね、そういう人は、結婚紹介所では最も人気のある女性なのです。結婚紹介所では、男性に関しては年収が、そして女性に関しては年齢が最重要です。つまりこの男性は（おそらく無意識に）最も人気のある女性たちにアプローチしています。

彼は「高望みもしていないのに、200人もの女性に断られた」と思っているのかもしれません。けれど、結婚紹介所で20代女性を希望してる時点で、「ものすごい高望みをしているのだ」ということには気がついていません。

20代の女性は、数多くの相手から会うことを求められるため、当然、なんらかの条件で会う相手を絞り込みます。その時に彼女らが検索に使いそうな要素が何であるか考えれば、この男性が選ばれなかった理由もすぐにわかります。

彼の言う「自分には学歴もない」が、高卒・中卒という意味であるとすれば、「大卒」を相手に求める条件とした女性が、彼のデータを目にすることはありません。まだ平均結婚年齢にさえ達していない20代の女性が結婚紹介所に登録する理由は、恋愛相手ではなく結婚相手を探すためです。多数の男性から会うことを求められ、お見合いをする人を絞り込むために「大卒」という条件にチェックをいれる彼女らの行動は、ごく普通のことです。

むしろ、この番組を見て私が考えたのは、「こういう男性は、なぜ今まではナンの問題もなく結婚できていたのか？」ということです。図表④にあるように、1970年代までは、男性はほぼ全員結婚しています。つまり、年収が低くても学歴が低くても、結婚できていたわけです。

その最大の理由は、「昔は女性が、結婚のために敢えて自分のスペックを抑えていたから」でしょう。ちきりんの母も、その父親（私の祖父）から「女が大学なんて行ったら結婚できないからダメ！」と大学進学を反対されています。もう少し後の世代（今の50歳くらい）でも、同じ理由で親から「短大でないと進学させない」、「女子大でないとだめ」と限定された女性はたくさんいました。学力的には東大に行けるのに、お茶の水女子大学に進んだ女性がいたのです。

図表④　生涯未婚率の推移

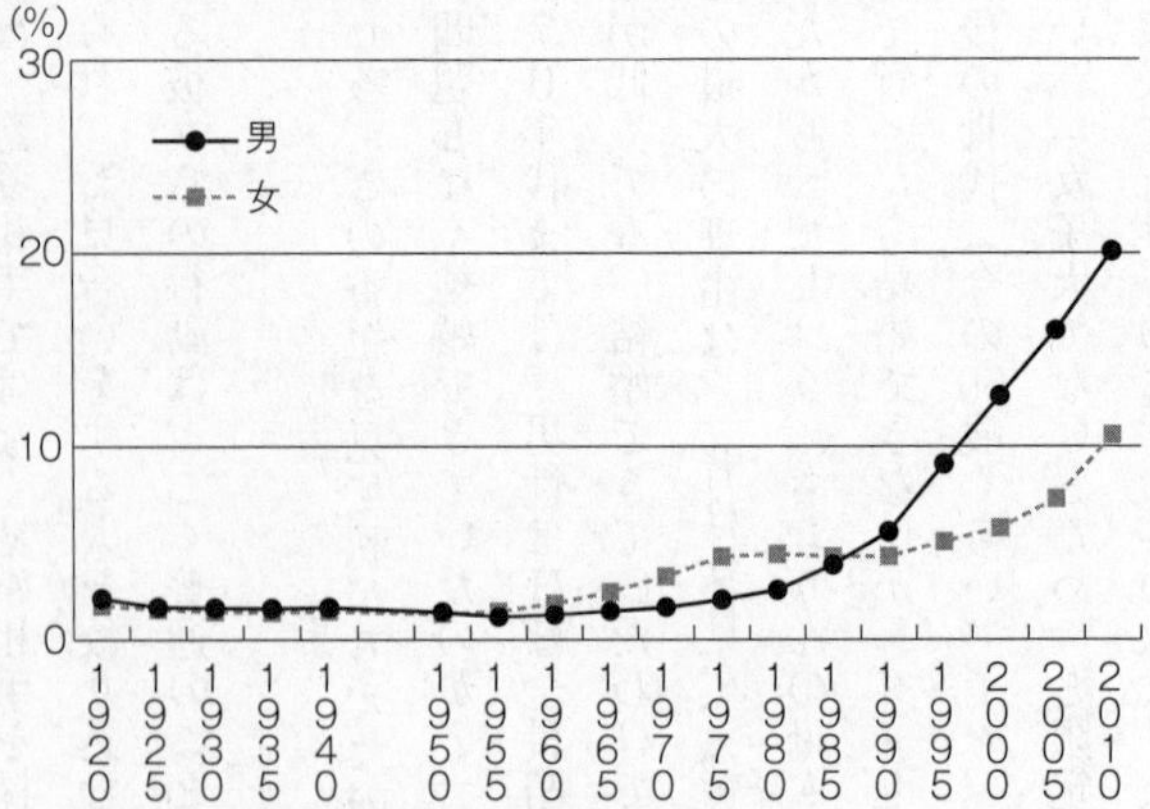

国勢調査 2005年以前は「日本の長期統計系列」

同じ理由で「理系なんて行ったら結婚できない」とか、「一人暮らしをしたら結婚できなくなるから地元の大学に通え」と言われた女性もいたはず。学科についても、庶民層なら家政科、ハイエンド層なら英文科を選ばされたのも、女の教育なんて「いいところに嫁にやるためのものだった」ことをよく表しています。

男性と同じ条件では企業が雇ってくれない当時の女性にとって、「結婚できる、できない」は死活問題でした。当時、結婚が「永久就職」と呼ばれていたのも、それが「食べていくための手段」だったからです。

だから当時の女性は、結婚のために自分の学歴をできるだけ低く抑えたのです。

でもそういった、「女性だからという理由で、教育レベルを抑制して結婚した世代」が母になると、自分の娘には、好きなだけ教育を受けさせたいと考えます。

自分は諦めたけど、娘には諦めさせたくないと。

こういう母親に育てられた今の30代、40代の女性の中には、「これからは女も勉強すべき。手に職を付けるべき」と強く吹き込まれて育った女性がたくさんいます。

「女のくせに勉強なんかしたら〝もらい手〟がなくなる」と脅されて育ち、20代前半で追いたてられるように結婚させられた母親が、娘の教育に「自らの人生への想い」を込めたわけです。こうして、「女性が結婚しやすくなるよう、高い教育を受ける機会を自ら放棄する風潮」がなくなったことが、学歴の低い男性が結婚しにくくなった最大の理由です。

図表⑤のように、今や女性の学歴は男性と同じレベルになりました。このため番組で紹介されていた男性は、黒の4名のうちのひとりになってしまったのです。

もうひとつ、年収の低い男性でも昔は結婚しやすかった理由があります。それは「時代が右肩上がりだった」ことです。20代で年収300万の男性と、30代で年収500万の男性なら、当時は前者のほうが、20代女性にとっては好ましい相手でした。なぜなら、20代の男性の年収も、30代になれば500万円になるとわかっていたからです。

でも今は違います。年収が年齢とともに上がるかどうか、誰にもわかりません。あがらない可能性も十分にあります。だから年齢が上でも、年収アップが既に確定している人のほうが選ばれるわけです。

年収の低い男性の婚姻率の低下に関して、メディアはすぐに「女性が男性に高年収を望むが故のミスマッチ」などと、超「男」目線の意見を流布《るふ》しがちですが、そうではありません。女性が男性に経済力を求め、男性が女性に若さや容姿、従順さを求めるのは、今も昔も変わっていません。そうではなく、当時と変わったのは、

図表⑤　結婚と学歴の関係の変化

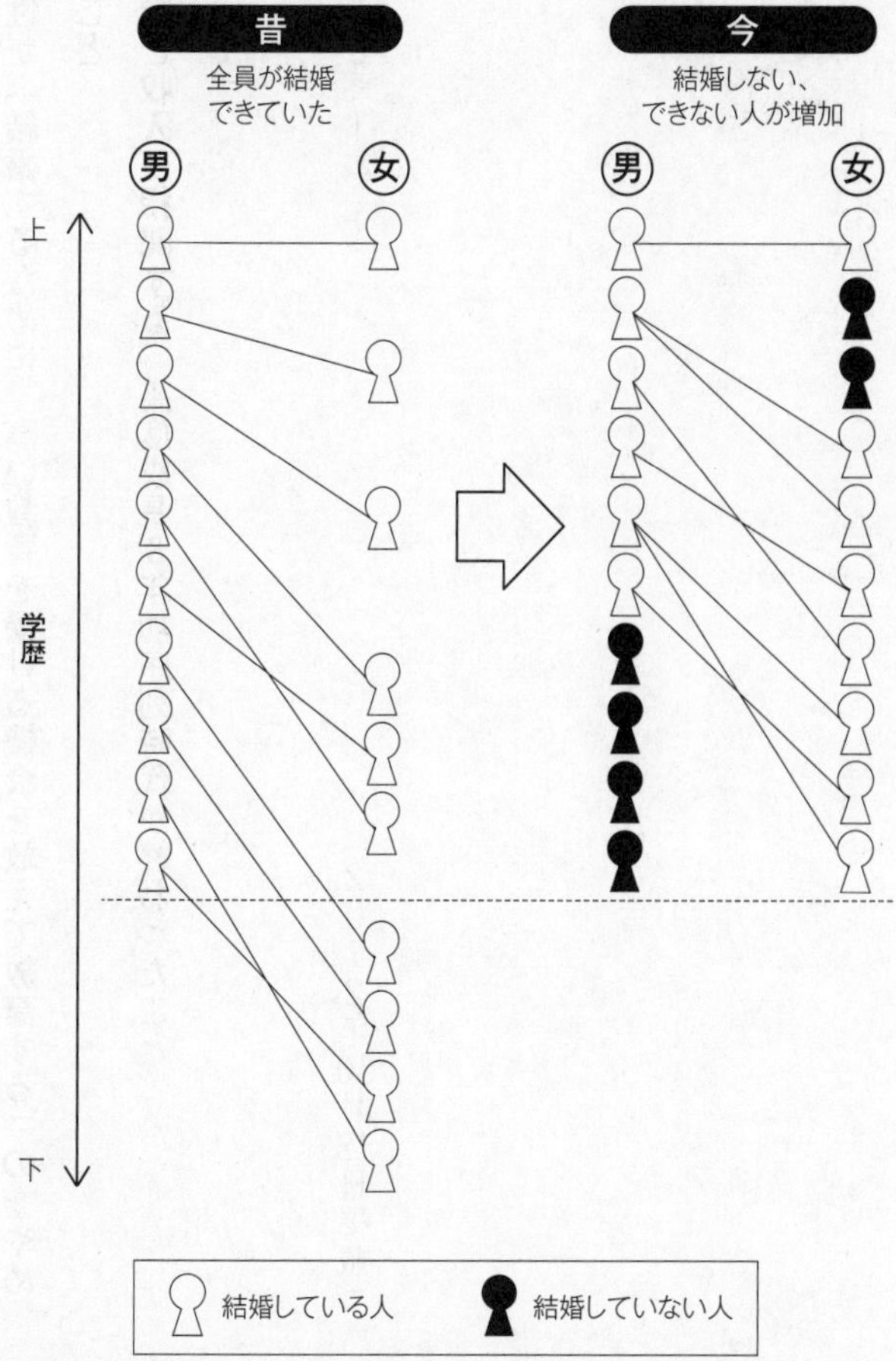

・女性が「結婚するために、高い教育を受ける機会を敢えて放棄する」のをやめたこと
・年齢と収入が相関する、高度成長&年功序列時代が終わったこと
なのです。
そんじゃーね

（２０１２年10月12日掲載）

EDUCATION

「学校にお金を払う＝教育投資」とは言えない時代

先日、女性の貧困に関するテレビ番組を見た時、「学校にさえ行けば、いい仕事が見つかるとでも考えてるのかな？」と気になりました。

大学に行くために借りた奨学金が５００万円を超えているという20代の女性が紹介されていたのですが、奨学金とはいえ返済義務があるので、事実上の学生ローン＝借金です。本人は、「卒業して正社員として就職すれば、５００万円くらいすぐに返せると思っていた」けれど、卒業後も非正規のバイトっぽい仕事にしか就けず、借金返済に追われているとのこと。

つまり番組が提示する問題設定は、「正規雇用に就けないので、奨学金が返せない問題」なわけですが、私が感じたのは、**「それ、正社員として就職してたら**

ホントに返せるの？」ってことでした。私は大学卒業後すぐに大企業の正社員になりましたが、それでも元本が500万円を超える借金を返すなんて、相当に大変だったろうと思います。

そうなると次は「返済義務のない奨学金を増やすべき」と言い出す人もいるんだけど、返済義務のない奨学金って、「優れた学業成績の学生」から優先的に与えられるので、結局は「就職するのに苦労しないレベルの学生から順にお金が貰えるだけ」なんじゃないかと思います。

さらに戻れば、「大学って500万円も借金して行く価値のあるとこなの？」って気もします。番組ではほかにも、専門学校に行くのに毎月8万円とか、保育士になるための学校に300万円とか、みんな学校にものすごい気前よくお金を払おうとしており、びっくりしました。「教育投資が報われる」とは（私も）思うけど、もしかして「学校にお金を払えば報われる」と誤解してるのでは？」と思えるほどだったからです。

たしかに高度成長の時代なら、「学校にお金を払う＝教育投資」だったんだろう。と思います。てか、今の親の世代が大学を卒業した30年くらい前までは、それが成り立っていたのかもしれない。でも今はもう「学校にお金を払えば、それなりの給与が貰える仕事に就ける」なんて成立していません。つまり最初の女性の例に戻れば、「正社員として就職できてたら、500万円の奨学金は返せたはずなのに、非正規の仕事にしか就けなかったので返せない」ってのは、今や課題の立て方自体がおかしい気がします。

ちなみに、「学校にお金を払えば、卒業後に経済的に報われる」と信じているのは、こういう番組に出てくる人だけじゃなく、いまだに欧米のビジネススクールに2000万円もかけて通おうとする人も同じです。

あれも私には、ちょっと信じがたいです。「学校」ってのは、聖域でもなんでもなく、単なるサービス業のひとつなので、そこに払うお金と、受けられるサービスが見合っているかどうか、そこで得られるものが、本当に自分が(それだけのお金を払ってでも)手に入れたいものなのか、多額のお金を払う前に、よーく考えたほうがいい。

最近は「起業家に大学教育は役立たない」と言う人もいるけど、起業家どころか、普通に自分で商売して（お好み焼き屋でも、高齢者支援でも、ネットサービスでもいいけど）食べていくのに、大学や専門学校に（その授業料に見合う）価値があるとは思えません。もちろんお金が有り余ってるなら好きに出費すればいいけど、借金までして、たいして価値のない学校に多額のお金を払うなんて本当にもったいない！

というと、すぐに「ちきりんさんは大学にもビジネススクールにもいったんですよね？」って言う人がいますが、あたしが留学したのはもう20年以上前です。明治20年に元サムライだった商売人に、「もうサムライの時代は終わった」と言われた若者が、「でもおじさんだって、最初はサムライになったんでしょ⁉」とか言ってるのと同じです。

なりたきゃ、なれよ！

そんじゃーね

（2014年5月2日掲載）

EDUCATION

下から7割の人のための理科&算数教育

今日のトピックは「理科教育」についてです。議論紛糾は必至ですが、めげずに極論を展開してみましょう。

義務教育である、小学校、中学校、それに事実上の義務教育である高校をあわせた12年間の理科教育のうち、私に必要だったのは小学校レベルの理科だけで、中学・高校で、化学、物理、生物、地学などを学ぶ必要はまったくなかったと思います。算数&数学に関しても、中学校1年までに学んだことで十分で、中学校の後半以降、数学の授業を受けてなくても、これまでの人生において、たぶんなんの問題もありませんでした。

以前からそんな気がしていましたが、先日、今使われている中学校の数学や理科の教科書をじっくり見る機会があり、改めて確信しました。今、教えられている内容を前提とするなら、数学や理科に関しては、全体の3割程度の生徒が学べばよい(私を含め、下から7割の人には不要)と思います。

反対に、上位3割の人は今よりもっと早くからより専門的な内容を学び、実験や観察、製作などにも、今よりはるかに長い時間をかけるべきです。理科教育といっても、物理と生物は大きく違うし、物理の中でも「この分野だけが好き」という人もいるだろうから、「物理のこの分野だけは特進クラスで学ぶ」みたいに、細かく分けるべきです。もちろんクラスもレベル別に編成し、どんどん飛び級させればいいし、トップレベルの子には、中学生、高校生でも大学レベルの内容を教えればいい。

こういった「ものすごく優秀な子」に、平均的なレベルの子供が理解できる理科教育しか与えないのは、日本にとって大きな損失につながっています。そういう人には、私含めアホな生徒に足を引っ張られることなく、どんどん先を進んでほしい。

「技術立国のために科学教育が大事」とかいうけど、私にいくら科学教育を与えても、技術立国には一歩たりとも近づきません。代わりに私たち下から7割の人には、「生活するために必要な科学知識」を教えてくれたほうが役立つでしょう。

たとえば、算数の時間には、

・リボ払いを選んだ場合の利子の額

・大半の人が選んでしまう住宅ローンの〝元利均等払い〟の恐ろしさを、（台形の面積の計算方法や、ルート2がいくつかを暗記させる代わりに）教えてほしいし、

生物の時間には、

・命にかかわる病気になった時、医師が提示した治療方法を踏まえ、自分の意志でどうしたいか決めるための考え方

・妊娠のメカニズムと、不妊治療やその限界

・副作用も指摘されているワクチンの接種を勧められたんだけど、接種すべきか否か、どう考えて決めればいいの？

・太っちゃって、脂肪吸引に興味があるんだけど、大丈夫かな？
みたいなことを（カエルの解剖をする代わりに）教えてほしい。
化学の時間には、
・トイレ掃除の時、何と何の洗剤を一緒に使うと危ないのか？　もしくは、ガスファンヒーターの前にヘアスプレーのカンを置いたらどれほど危ないのか？
・ホテルで火事にあったら、煙は上下、どっちに流れるのか？
・天ぷら油から火がでたら、水をかけるのとマヨネーズをかけるのはどっちがいいのか？　なければケチャップでもいいのか？
などを（リトマス紙で遊ぶ時間の代わりに）教えてください。
物理の時間には、
・イオンのでる家電って、なんか意味あるの？
・放射能が怖いんだけど、ラジウム温泉でダイエットするのは大丈夫？
とかね。それ以外でも、暑いからといって赤ちゃんに扇風機をむけて一晩過ごしたらどーなるか、夏の自動車のなかに「ちょっとだけ」赤ちゃんを放置したら何が起こるか、とかも、科学的な知識として教えてほしい。

私は「数学的な考え方を理解することや、科学教育が不要だ」と言ってるわけではありません。日本には血液型判定を始め、偽科学が溢れているし、「技術は失敗を経るごとに進歩する」という基本的なことがわかっていないと、失敗や事故のたびに「この技術を使うことは止めるべき」と言いだし、社会の進歩を邪魔する人がでてきます。

「国民統一番号を導入すると思想調査につながるから絶対反対！」といった新技術導入への忌避感も、技術のメリットとデメリットを踏まえた上で議論する訓練を経ていれば、違う考え方ができるようになるでしょう。技術そのものというより、技術や科学について学んでおきたかったと思えることはたくさんあるのです。

一言でいえば、「全員に与えるべきは、技術者や研究者になるための専門教育ではなく、生活者として自己決定ができ、健全に安全に生きていけるようになるための科学リテラシー」だってことです。日本の教育は（理科や数学に限らず）「生産者（技術者）になるための教育」には熱心ですが、「生活者のための科学教育」には重きが置かれていません。富国強兵のための教育という思想が、技術立国を目指すという国家方針とつながって、根強く残っているからでしょう。

このため今の理科や数学で教えられている内容は、技術者にならないほとんどの人には生涯を通じて無関係です。そんな内容を義務教育として教えられ、7割近い生徒を「落ちこぼれ」や「勉強嫌い」にしてしまうことにポジティブな意味があるとは思えません。

私には社会に出てから知ったことで、「これくらい学校で教えておくべきでは？」と思うことが、たくさんありました。それを「教えておくべき」と主張するなら、その一方で「これはもう教えなくていいんじゃない？」ってことも書かないとフェアじゃないと思い、このエントリを書きました。そうでないと、学校で学ぶ期間が止めどなく増えてしまうから。

以上、「全員で同じことをやるのが平等だ」という歪《ゆが》んだ平等思想こそが、多くの人たちを不幸にしていると思った次第です。

そんじゃーね

（2014年2月25日掲載）

EDUCATION

全国の子供たちに告ぐお年玉はソッコーで使うべき！

あけましておめでとうございます。今年もちきりんブログをよろしくお願いします！

お正月なので、お年玉の話です。お年玉ってのは子供にとっては大きな額で、貰ってすぐに使えば毎月のお小遣いでは買えないレベルのモノが一気に手に入る、使い甲斐の非常に大きな額です。ところが親の勧めに従ってお年玉を「とりあえず貯金」してしまうと、大人になった時、お年玉で何を買ったのか、まったく記憶に残りません。お金の価値の上昇スピードと、本人の稼ぐ能力の上昇スピードが、大きく違うからです。

小学生にとってお年玉の5000円は、自力ではとても手に入れられない大きな額です。欲しくて欲しくてたまらなかった（でも親には買ってもらえなかった）何かを買っておけば、「やったー！！　うれしい！！！」という強い記憶が残るでしょう。

ところが数年が過ぎて高校生になると、貯金していた５００円はもはやそこまで大きな額ではありません。バイトをすれば一日で稼げる額になってしまったからです。この段階で貯金を下ろして使っても、小学生の頃に使っていれば得られたほどの感激は、もう手に入りません。

同じことは、高校生が貰う数万円（１万円×数人から）のお年玉でも起こります。これは、貰ってすぐに使えばそれなりに使い出のある額です。しかし「とりあえず貯金」して数年後、就職すれば、新入社員でさえその10倍近い額を（正月だけでなく）毎月貰えます。高校生の時にお年玉で一流レストランを予約し、3万円のディナーデートをしたら、一生忘れない思い出になりますよね。30歳になったら、その何倍も払わないと得られないほどの新鮮な驚きや感激が、高校生ならお年玉で得られるのです。

そして人を育てるのは（＝私たちの稼ぐ力の源となるのは）、数万円の貯金ではなく、「こんな世界が世の中にあるんだ！！」という、若い頃の未知なる世界との遭遇から得られる驚愕《きょうがく》であり、感動なのです。

このようにお年玉というのは、貰ってすぐに使えばものすごく価値が高いにも拘わらず、貯金して数年も置いておくと、生活費の誤差にさえ成り下がってしまう程度の額です。このことを理解した上で子供時代に戻れば、「貰ったお年玉はソッコーで使うのが吉」だとわかるでしょう。

さらにいえば大人に関しても、「これから自分はいくらでも稼げる」と考えている人は、若いうちから貯金になんて励みません。稼げる額がどんどん増える人が、今の給与の一部を苦労して貯金しておいても、5年後にはそんなの「簡単に稼げる、たいしたことのない額」になってしまうからです。だからそういう人は貯金するのではなく、その時点で自分がもっとも価値があると思うものに、ドンとお金をつぎ込みます。

反対にせっせと貯金をする人は、「これからはもう、自分が稼ぐ額は増えない」と諦めているわけです。たしかにそういう人にとっては、「とりあえず貯金」しておくことに意味もあるでしょう。個人ベースでのデフレ対策みたいなもんです。

でもこれからどんどん成長する子供に「お年玉はちゃんと貯金しておきなさい」などと言う必要はまったくありません。だってそれは、**「あなたにとって、そのお金の価値が今より軽くなることはないとママは思う。だってあなたは将来も、そんな額を簡単に稼げるようにはならない。だからそのお金は使わずに、大事にとっておきなさい」**って言ってるのと同じですよ。そんなこと、ほんとに言うべき??

そうじゃなくて、**「そんなお金、何年か経てばあなたは簡単に稼げるようになる。だから、今とても欲しいものを手に入れるために使っておいたほうが（お金の価値が下がらなくて）いいわよ！」**と教えてあげるべきでは？

さらにお年玉の使い道は、「賢い消費」や「自己投資」などに限定する必要もありません。大人から見れば馬鹿げたお金の使い方であっても、子供の世界をドーンと大きく広げてくれる、貴重な経験や気づきの機会はたくさんあるのです。

20代や30代の人にとっても(マネー誌が熱心に説くように)、欲しいものもやりたいことも我慢し、安い月給のなかから苦労して貯金することに、ほんとに意味があるのでしょうか? 20代ならそのお金で、月に何回かは多く飲みに行くことができ、人生を左右する誰かと、もしくは、人生を左右するなんらかの言葉や機会と、出会えるかもしれないのです。

遊びやつきあいを制限し、若い間の貴重な時間を犠牲にして幾ばくかのお金を節約しても、40代になった時、あなたにとってその数万円(+利子)は、たいした額ではなくなっているかもしれません。というか、あなたが順調に成長さえしていれば、将来のそのお金の価値は20代の時に(あなたが貯金のために)諦めたモノの価値とは比べ物にならないほど、小さくなってしまっているはずなんです。

貯金をすることが、世界を広げてくれる消費より、本当にいいお金の使い方だ

と思いますか？ だとしたらあなたは、自分の将来の価値を自分自身でさえ信じていないのでしょう。

20代や30代から、老後資金なんて貯め始める必要はありません。必要なのは、稼ぐ力をつけることです。そしてそのためには、最もそのお金が貴重である若くてお金のない時期にこそ、（そのお金を死蔵せずに）使っておくべきなのです。

去年の流行り言葉でいえば、そのお金を使うべきは、まさに「今でしょ⁉」。

そんじゃーね

（2014年1月1日掲載）

POLITICS

利益移転についても開示したらいいんじゃないの？

所得税も法人税も相続税も、税金はすべて「利益移転のための制度」です。お金を移転させ、富を再配分するためのルールともいえます。税制をとおして、所得の多い人、利益の多い会社、資産の多い人から、所得が少なく、貯金がなかったり、福祉の支援が必要な人にお金を移転させるのが、税金の主な目的です。

ＴＰＰで議論されている関税という税金も同様で、この場合は、消費者から生産者への利益移転が行われます。たとえば、今アメリカとの間で争点となっている豚肉。その輸入になぜ関税をかけるのかといえば、

1．できるだけ安く豚肉を買いたい消費者から、

2．国内の養豚業者へ利益移転するため、です。

輸入豚肉は安い肉ほど高い関税率が適用されているので、この関税があることで一番ソンをしているのは「安い豚肉を頻繁に買う消費者」です。育ち盛りの子供がいる子育て世帯、少額の年金で暮らしている高齢者世帯、母子家庭など経済的に厳しい世帯、ですね。

豚肉の関税を維持するという判断は、こういう人たちに少しずつお金を（豚肉の値段に関税を上乗せすることで）負担してもらい、そのお金を、養豚業者に移転する、という判断です。養豚業者のほうも、「関税がなくなれば死活問題！」らしいので、**「かわいそうな養豚業者の皆さんへ、家計の厳しい、食べ盛りの子供がいる家庭や年金世帯から、少しずつ利益を移転しましょう！」**という制度が、輸入豚肉への関税です。

これはお米でも同じで、関税が撤廃されても、お金持ちは有名産地の高級ブランド米を買い続けるので、彼らに関税撤廃のメリットはありません。彼らが贔屓《ひいき》にしている（回らない）寿司屋も高級割烹も、米の関税が下がったからといって、安い米に切り替えたりはしません。
一方、今、農家への補助金に使われる関税分を上乗せされ、本来は安いお米をバカ高い値段で買わされているのは、「もし安いお米があれば、そっちを買うはず」の低所得家庭や、食べ盛りの子供がいる家庭です。また、それらの層が利用する格安のファストフード店や回る寿司屋なども、安い米が買えれば価格が下げられるので、それらを利用します。つまり外食においても、低所得者層が資金の出し手（負担者）となっているんです。
この、「低所得家庭から、農家や養豚業者への利益移転」が、日本国民の（もしくは日本政府の）やりたいコトだというなら、それはそれでい－んですが、だったら「こういう数字も全部、開示したらい－んじゃないか？」って思いました。
たとえば、豚肉を200グラム買おうとすると、値札には、
価格216円（消費税16円、養豚業者への利益移転額30円を含む）
と書いてあり、お米も、
価格2160円（消費税160円、コメ農家への利益移転額1200円を含

む）と明記してある。これなら皆、ＴＰＰに反対か賛成か判断しやすいでしょ？

（※ここで挙げている数字はすべて仮の数字です）

関税以外の補助金についても、どの食品、どの商品に、誰への利益移転分がいくら含まれているのか、全部、明記すべきかもしれません。もちろん電気代も、請求書に４０００円（原子力発電所の停止によるコスト増分５００円、福島第一原発の廃炉コスト５００円を含む）と書けばいい。

そして、もしＴＰＰが「豚肉の関税をゼロにする」という結論になったら、寄付付きの切手やはがきのように、豚肉も寄付付き商品をあわせて売ればよいと思います。**価格２１６円（消費税16円、養豚業者への寄付30円を含む）**てな感じで。お米も、「農家の皆さんへの寄付付きお米」を、関税廃止後の国際価格のお米より、１０００円でも２０００円でも高くして併売すればいい。

このように、寄付なし商品と寄付あり商品が両方発売されると、寄付あり商品を買うのは、日本の農業や畜産を守りたいという志をもち、お金に余裕のある人だけになるので、今みたいに「すこしでも安いお米や豚肉を買いたい、経済的に苦しい家庭から、農家&養豚業者に利益を移転する」という仕組みの関税より、よっぽど良いと思えます。

というわけで、補助金も関税もゼロにするのが難しいなら、せめてそれぞれの商品に、「農家や畜産事業者への利益移転額」がいくら分含まれているのか、せめてそういう情報だけでも開示すべきなんじゃないかな？って思いました。

そんじゃーね

（2014年5月28日掲載）

POLITICS

生活保護以外、すべての福祉を廃止したらどう？

人気芸人さんの母親が生活保護を受給していたことが問題視されて以来、生活保護に関する報道が目立ちます。生活保護は被保護人数や支給総額も増える一方で、制度的に〝もうモタない感〟があり、様々な人が現行制度の問題を指摘。まさに国民的議論の様相です。

直近の発表によると被保護人数は210万人らしいので、人口の1・65%、だいたい国民の60人に1人が生活保護を受けている計算です。総額は2012年の支給総額予想が約3兆7000億円。現在の消費税収入が約10兆円なので、その4割弱にあたる規模となっています。

で、この件に関して私の提案は、ずばり、

「生活保護以外の社会福祉制度は全廃すべし！」です。

読み間違えないようにね。生活保護制度の廃止ではなく、生活保護制度以外、全廃です。

生活保護制度以外の社会福祉って何だよ？　というと、

・公的年金
・医療保険
・雇用対策
・障害者福祉
・その他の福祉

などです。

図表⑥を見ればわかるように、日本の社会福祉予算の中では年金と医療保険が圧倒的に大きく、生活保護は「最近、ソコソコ目立つ規模になってきた」というレベルです。ここで、生活保護以外の制度を全部廃止するというのは、

図表⑥　社会保障給付費の内訳

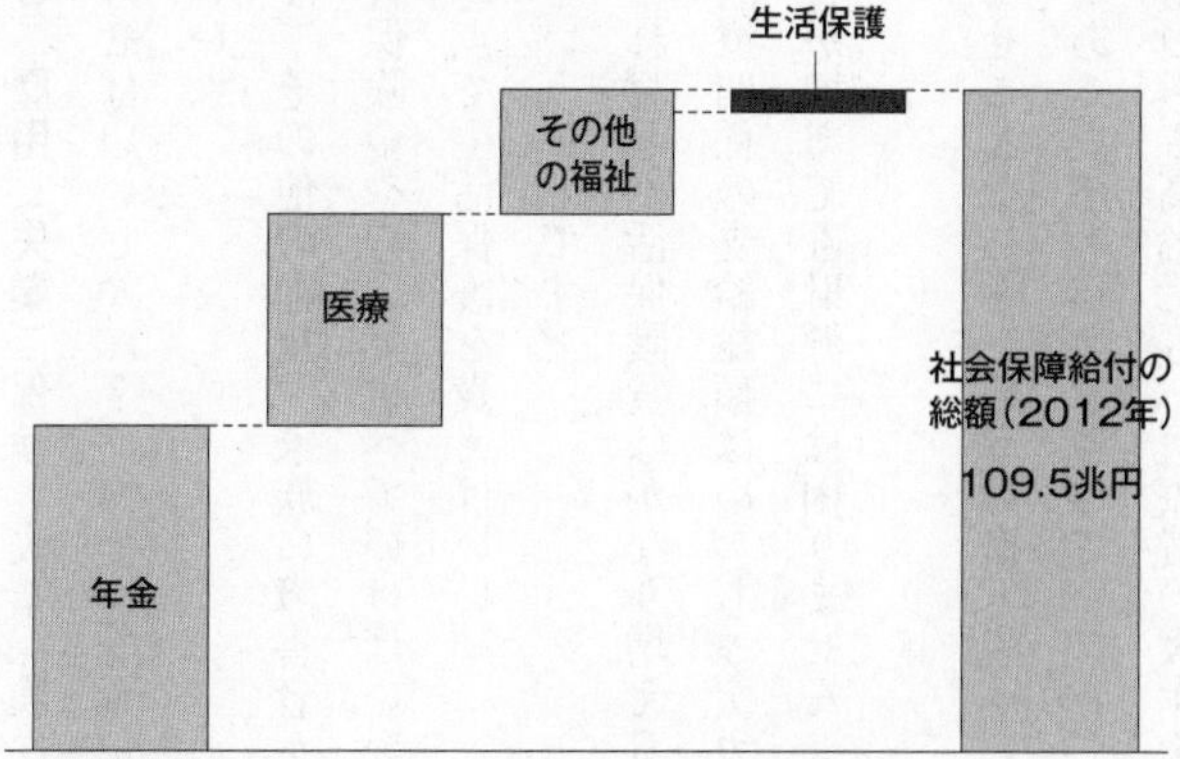

厚生労働省の資料（http://www.mhlw.go.jp/seisakunitsuite/bunya/hokabunya/shakaihoshou/dl/05.pdf）に基づいて著者作成

（1）年金　年金なんて廃止して、みんな自分の貯めたお金で生きていけばいいじゃん？　そうすりゃ高齢者の大金持ちが抱え込んでいる貯蓄も流動化して一石二鳥。んで、長生きしてお金がなくなったら、その時点で生活保護を貰えばいい。

（2）医療保険　医療保険なんか廃止して、みんな自分で民間の医療保険に入るなり、貯金から医療費を払えばいいじゃん？　んで、無保険の人が大病してお金がなくなったら、その時点で生活保護を貰えばいい。生活保護世帯は医療費も無料だし。

(3) 雇用(失業)保険 失業保険なんか廃止して、失業した人は自分の貯金で暮らせばいいじゃん? んで、貯金がなくなったら、その時点で生活保護を貰えばいい。

(4) その他の福祉 家族に障害者がいたり、自分が障害者になったら、民間の傷害保険金や貯金で食べていけばいいじゃん? んで、お金がなくなったら、その時点で生活保護を貰えばいい。

ということです。

これだと生活保護費はかなり増えるけど、図表⑥を見ればわかるように、年金や医療関係の支給総額はめっちゃデカいので、それらを廃止すれば、少々生活保護費が増えても財源には困りません(しかも年金は積立金も別にあります)。

なぜこんなことをいうのか、説明しましょう。現在の制度では、ものすごい貯金がある人でも年金を貰っているし、オレオレ詐欺に数千万円もダマされるほど余裕のある高齢者も、医療費の大半を補助されています。

ダンナの年収が1億円でも、共働きの奥さんがリストラに遭えば失業保険が受け取れるし、どんな財閥の息子でも、障害があれば障害者福祉の適用を受けています。でも、さっき私がいったような制度にすれば、大金持ちは補助を受けられません。

その上、制度がシンプルになれば、日本年金機構とか、医療費のレセプトをチェックしている組織、それに、山ほどある雇用促進関係の天下り団体も全部、廃止できるから、生活保護関係の役所人員を少々増やしても、全体としては相当数の人員削減、コスト削減が可能になります。

皆さんの給与から引かれている年金、健康保険、雇用保険の保険料は統合され、「総合社会福祉保険料」に名前が変わります。合計負担額は（現時点での年金の積み立て分はすごい額があるんで）相当、減ると思います。

超いー案じゃない？

そんじゃーね

（2012年6月29日掲載）

POLITICS

農政に見る民主主義

農業経済学がご専門の本間正義東大教授がテレビ番組で使っていらした資料が、めっちゃおもしろかったのでご紹介（図表⑦）。

米の作付面積が1ヘクタール未満の農家は合計102万戸もあり、全体（140万戸）の73％にも上ります。圧倒的に小規模な農家が多いんですね。ちなみにカリフォルニアの米農家は50～100ヘクタール級が普通です。

しかもこの人たちは、実質的には農家ではありません。だって彼らの「年間農業所得」は10万円の赤字と3・6万円の黒字です。ただし総所得欄を見ればわかるように、農業以外の収入はけっこうあります。おそらく家族の誰かが郵便局員、役場職員、学校の先生などとして働いているか、田んぼの一部を駐車場やアパー

図表⑦　2007年　水田農業の所得と経営費

作付面積	農家戸数	経営主の年齢	総所得	年間農業所得	農業経営費
ha	万戸	歳	万円	万円	(10a)万円
0.5未満	59.1	66.7	441.5	−10.5	16.9
1未満	43.2	65.7	477.3	3.6	13.7
2未満	24.6	64.6	446.6	45.3	11.4
3未満	6.7	62.3	467.3	137.1	10.4
5未満	3.9	61.4	474.8	191.9	9.8
7未満	(−)	58.3	486.5	275.8	9.2
10未満	2.1(7ha未満を含む)	58.7	613.6	324	8.6
15未満	0.5	55.7	729.2	530.9	8.5
20未満	(−)	52.6	857.8	730.9	8.2
20以上	0.2(20ha未満を含む)	53.3	1266.4	1101.9	7.7
合計	140.3万戸				

番組名はＣＳ朝日ニュースターの「ニュースの深層」
資料：農水省「農業経営統計調査」「農林業センサス」

トにしたり、スーパーやパチンコ店などロードサイド店の敷地として貸しているのでしょう。経営主の年齢からすれば、既に年金を貰っている人も多そうです。

ここで、一番右側の農業経営費も見てください。一定面積あたりの田んぼに対して、どの程度の経費がかかるかという数字ですが、作付面積の大きい農家の経費は、小さな農家の半分です。つまり農地を集約すれば、日本でも米作りのコストは半分にできるんです。

しかも、小さな農家の経営主は70歳近いけど、規模が大きな農家の経営主は、大企業の社長より若いくらいです。高齢化問題とは農業の話ではなく、「小さな農家」の話だとわかります。

まとめれば、平均67歳の人が、狭い田んぼで、めっちゃ非効率な方法でお米を作ってる。だから米作りではまったく儲からないが、他の収入で生活しているので問題ない。こういう人がたくさんいるってことなんです。でね。**この人たちは本当に農家なのでしょうか？**

農家じゃなくて、**「田んぼも持ってる地主さん」**とか、**「米作りが趣味の元農家のおじいさん」**と呼ぶべきなのでは？　日本にはこういう（自称？）農家が１０2万戸（全体の7割以上）あるんです。ちなみに、8月27日付けの日経新聞の経済教室では、同じく農業経済がご専門の神門《ごうど》善久明治学院大学教授も同様の問題について寄稿。私が「自称農家」と呼ぶ農家を、「偽装農家」とまで呼ばれています。

とはいえ彼らの政治力は強大です。102万戸が持つ票は、夫婦とおばあちゃんで306万票。別居して暮らす長男夫婦も「いずれは俺たちが相続する農地だし」と考え、親と同じ投票行動をとるなら、その票数は510万票にもなります。

東京都の有権者数は1024万人ですが、投票率が低いので、前回の衆議院選の投票者数は671万票でした。一方、農家の投票率は非常に高いので85%と仮定すると、実票数は433万票です。

これって、いい勝負だと思います? 実はもうひとつ落とし穴があります。それは一票の価値です。極小農家があるようなエリアは、東京に比べて一票の価値が2~4倍も大きいのです。ここでは中をとって3倍とすると、

・極小農家の利害関係者の実質的な票数=1300万票

・東京都の実質的な票数=671万票

ありゃま~!

こうして、日本全体の3％にも満たない農家の政治力が、関東圏全部の政治力と同じ大きさとなるのです。しかも農家は農協を通して選挙の手伝いをしてくれます。ポスターを貼らせてくれたり、講演会のサクラもやってくれる。

大都市の有権者がそんなことしします？　私が政治家だったら、まちがいなく「米価は補助金で支える！　コメの関税自由化には断固反対！」と叫びます。当然ですよね！

さて、「農業で食べている」本物の農家についても、見てみましょう。先ほど見た図表⑦では、10ヘクタール以上15ヘクタール未満のところで農業所得が530万円となり、総収入の7割を超えています。

彼らこそが、本当の農家です。周囲にたくさんある零細・高齢農家の農地を彼らが買い受ければ、より大規模に、より効率的に米を作ることができます。これなら自然破壊も起こらないし田園風景も破壊されません。食料の安全保障とやらにも問題はありません。

でも農地は宅地などに比べ、固定資産税や相続税が大幅に優遇されているので、「形だけ農業をやっているおじーさんたち」は、決して米作りを止めないし、農地を売ったりはしないのです。

「美田を息子に残すために、相続のその日まで（＝死ぬまで）趣味的に米作りを続ける自称農家の票」＝１３００万票
［１０２万戸×５人（利害関係者）×85％（投票率）×３倍（一票の価値）］

「農業で食べている本当の農家の票」＝21万票
［５ha以上の農家２・８万戸×３人（利害関係者）×85％（投票率）×３倍（一票の価値）］

「東京の有権者のうち、投票する人の票」＝６７１万票

こういう現実を知れば、誰が政党の政策担当者であったとしても、所得補償など、まずは極小農家に最も有利な政策を提示し、農業を実質的に支えている本格的な農家の人たち（＝本物の農家）のことなど、眼中にも入れないことでしょう。

民主主義ってこういうことなんです。

そんじゃーね

（２００９年8月27日掲載）

POLITICS

豊かになる意味

先進国ではよく「これ以上、豊かになる必要があるのか?」という議論が起こります。真夜中でも煌々《こうこう》と電気がついた街で24時間サービスが受けられ、猛暑の中、クーラーで冷やした部屋でサマーセーターを着用し、冬にはシャツ一枚で過ごせるくらい家全体を暖める。こんな生活をする必要が本当にあるのかと、誰もが一度は疑問に思うでしょう。政府も毎年、当然のように「○%の経済成長を目指す」と目標を掲げます。しかしいったい私たちは、何のために経済成長を目指すのでしょう?

私は20代の終わりにアメリカに留学した時、この問いへの自分なりの答えを手に入れました。その大学街は、アメリカの中でも先進的な街でした。ホームレスや障害者、まだ薬がなかった時期のＨＩＶポジティブの人など、「弱者と呼ばれ、社会から疎外されている人たちに、強者と同じ機会を与えるべき」という思想と理想を、大学はもちろん街全体が共有していたのです。

バスにはすべて自動昇降ステップがついていて、日常的に車いすの人たちが利用していました。授業では、聴覚、視覚、四肢など様々な障害を持つ学生に、ボランティアの学生が一対一でついて、ノートをとり教科書のページをめくる手伝いをします。障害があっても学生寮で暮らせるよう、毎週1時間でもボランティアができる仕組みがあり、多くの学生が洗濯など日常の手伝いや、外出の手助けをします。そのサポートは、フットボール観戦やデートにまで及びます。障害を持つ人が普通の生活を望むことの当然さを、街全体が受け入れていたのでしょう。

そしてこの街には、全米から、さらには世界から、障害のある学生が集まっていました。ここなら親元を離れ、学生として寮生活を送ることも可能になるからです。障害者は隔離され勉強していた時代の日本で教育を受けた私には、それは衝撃的な光景でした。そして理解したのです。「こういう社会を実現することが可能になる、それが、国が豊かになる意味なんだな」と。

　発展途上国に行くと、溢れんばかりに人が乗ったバスにしがみついて乗車し、降りる時は周りの人を押しのけて飛び降りる。信号もない交差点を、洪水のように走り続けるバイクや車の隙間をぬって横断する。駅にはエレベーターもエスカレーターもない。

　そういった環境では、車いすの人はおろか、杖をついているだけでも日常生活に大きな支障がでます。事実上、ひとりでは街にでられないといっても過言ではありません。

　経済発展になんの意味があるのか、便利なものはなかったけれど、昔のほうが幸せだったのではないか、という疑問。こういった疑問は「強者だけが感じることのできる疑問なのだ」と、初めて気がつきました。階段が難なく上れて、車やバイクで大混雑している道でも移動に困らない、そういう人だから「贅沢《ぜいたく》では？」などと思うのだと、理解したのです。

私も、若い頃に旅行した発展途上国の、無秩序でエネルギー溢れる様子に感動し、興奮しました。しかしあの高揚感こそまさに、私が「強者」だったからこそ得られたものだったのです。

その、アメリカの学生街で過ごした後、私はクリアに答えられるようになりました。「なぜ経済発展が必要か？」と問われたら、「弱者も生きること、生を楽しむことが可能になるからだ」と。

経済状況が厳しければ厳しいほど、人間の社会も動物の世界に近づきます。弱者にかまっていられなくなり、力のない者は淘汰《とうた》されます。戦争になれば、子供、お年寄り、ケガ人や病人など、体の弱い人から順に死んでゆくのです。災害で水や電気が止まれば、透析や人工呼吸器などが必要な人、持病のために共同生活ができない人は、命の危機さえ感じなくてはなりません。それは「疲れる」「よく眠れない」程度の話ではないのです。

弱者も生存でき、生活の楽しみを得られる世の中を実現するためには、社会には一定の余裕が必要です。強者にとっては贅沢に思える設備も、弱者には生活の必須アイテムかもしれません。だから私は今の日本においてさえ、「もう経済発展しなくていい」とは思いません。私たちは進み続けるべきなのです。

（2008年2月23日掲載）

そんじゃーね

BUSINESS

就活市場を一発で適正化できるミラクル解決法

最近の就活市場ってほんとーにひどいことになってるのですが、大学受験市場は就活市場に比べて、遥かに巧くまわっています。「100社受けたけど、どこも通らなかった」という就活生の声はよく聞くけど、「100大学（学部）受けたけど、どこも通らなかった」という受験生の声はほとんど聞かないでしょ？

「それは大学の定員が進学希望者数より多いからだろ」と言われるかもしれませんが、就活市場だって2013年卒の求人倍率は1・27ですから、今は「大学全入時代」であると同時に、「就活全入時代」です。「企業の一部はブラック企業だから、まともな企業だけでカウントすれば求人倍率は1未満のはずだ！」って？大学だって一部は（てか多くが？）ブラック大学なんだから状況は同じです。

それなのになぜ大学受験市場は、就活市場のように、全員が疲弊するみたいな状況に陥っていないのでしょう？　その理由を考えれば、現在のトホホな就活市場を適正化するミラクルな解決策が浮かびます。その解決方法とはずばり、大学受験と同様、**「応募検定料を、応募者が企業に払うようにする」**ということです。

実はこの点が、就活市場と大学受験市場の大きな違いです。

就活市場では、大人気企業である三菱商事や電通やＪＴＢに応募するのはタダです。企業側は採用パンフレットを用意し、何度も説明会を開き、適性検査や面接を実施するために多大なコストを掛けています。しかし学生側はこの費用を一切負担しません。一方の大学受験市場では、入試のコストは受験生が払っています。早稲田大学の受験料は3万5000円なので、政治経済学部と法学部と商学部と社会科学部を併願すれば、14万円かかります。

これに慶應の複数学部を受けて、滑り止めで他の大学も受けて、とかやってると、受験料だけで数十万円が必要になるでしょう。多くの学生（のいる家庭）は、そんな額はとても払えないので、合格しそうにない大学や、合格しても行きたくない大学を受けません。よく考えて優先順位を付け、数校を選んで受けるのです。

しかし、就活市場ではどんな人気企業も応募するのはタダです。会社説明会の席を得るために、パソコンの画面から早撃ちクリック連打が必要にはなるけれど、お金は1円もかかりません。だったら「ちょっとでも関心のある会社は、スケジュールが許す限り全部受けてみよう！」という話になります。それどころか、内定がでても行きたいと思えない会社さえ、「話のネタに」や「面接の練習に」受けたりします。

こうして、IT化の恩恵により応募作業が容易になればなるほど、ひとり当たり応募社数が増えていきます。そしてそのことにより、落とされる人の数も増えているのです。学生10人と、採用予定1名の企業が10社あるという例で考えてみてください。ひとり3社受けるとすれば、平均2社ずつ落ちます。でも全員が10社に応募すれば、ひとり平均9社落ちることになります。落ちる人には偏りがあるので、結果としてひとりで50社落ちる、みたいな人が出現しています。つまり、今みんながこんなに就活で落とされるのは、単に「みんなたくさん受けすぎだから！」なのです。

学生が大企業ばかり受けて中小企業に人が集まらないと言われていますが、企業が「応募検定料」をとり始めたら、学生側は受ける企業を厳選し始め、有名企業だけでなく、自分が受かりそうな、活躍できそうな企業をまじめに探そうとするでしょう。そうすれば中小企業への応募者だって今よりずっと増えるのです。つまり「ミスマッチ問題」も（ある程度は）解消されます。

企業側は希望者の数に応じて説明会を増やすから、説明会の予約だってとりやすくなります。大学受験では、入学検定料を添えて応募したのに、会場が満員で入試が受けられないなんて起こらないでしょ？　お金を払うシステムであれば、大学も企業も「応募してきた人、全員が参加できる会場」をきちんと用意してくれるんです。

しかも今は東京だけで会社説明会を行っている企業も、北海道から九州まで日本全国で採用プロセスを開催してくれます。大学の場合、東京の大学が、関西を始め全国で入試を行うのは、もはや珍しくもありません。コストさえ応募者が払ってくれるなら、大学側（企業側）はできるだけ優秀な応募者を獲得するため、自ら地方まで出かけて行くのです。そうなれば「地方の大学生は、就活に多大な交通費と移動時間がかかり、ものすごく不公平」という問題も解消できます。

加えてこの制度により企業側は、ほんとの意味での学歴不問採用が可能になります。現在、企業側が学生を大学名で区別するのは、応募者が多すぎて、全員に適性検査を受けさせたり、面接に呼ぶなんて、コストがかかり過ぎてできないからです。

東京都心で適性検査をするには、テスト代や会場代、現場スタッフ代（派遣スタッフ代）などで、応募者ひとりあたり数万円ものコストがかかります。だから、100人の採用枠に数万人が応募してくるような人気企業が、全員を説明会や適性検査に呼ぶなんて、経済的に不可能なのです。

でも！

学生側が検定料を払うシステムなら、企業は全員にテストを受けさせるでしょう。大学名で足切りをする必要はありません。めちゃくちゃ応募者の多い一流大学だって、高校名で受験生を足切りしたりしないでしょ？　あれは、入試を受けてくれる人が多くても、入学検定料でそのコストがまかなえるからです。同じシステムになれば、企業だって大学名による履歴書不合格や、三流大学生のセミナーからの閉めだしなんてことを、やらなくなるでしょう。結果として、みんなが求めている「大学名不問採用」が実現するのです。今の大学受験市場において、高校名が不問であるようにね。

「応募検定料なんてとったら、貧乏人の子供が就活できなくなる」って？　そんなこと起こりませんよ。大学の入学検定料は昔はせいぜい1万円だったのに、今や3万円を超えています。なのにその間に、大学進学率は25%から50%に伸びました。入学検定料が3倍にもなった今のほうが、進学率は圧倒的に高いんです。

「いい加減な応募者を減らすためなら、長い課題作文を応募者に課せばいい」と言う人もいますが、そういう人って世の中がどう動いているか、まったくわかってないです。そんなこととして、電通や三菱商事に送られてくるだろう数万通もの作文を、いったい誰が読んで、審査するの？　その作文を読むための新たな人件費負担を企業側に押し付ければ、企業は今よりも更に応募者を絞り込もうとするでしょう。それでは逆効果です。「お金を取らずに課題作文を課せ」などというのは、世の中を知らない人の机上の空論なんです。

こんな話を聞けば、学生さんも「えっ！　企業に応募するのにお金がいるの⁉」と思うかもしれません。でも、皆さんはいったい、今の就活市場と大学受験市場を比較して、どっちがマシだと思っているんでしょう？　明らかに受験システムのほうがマシじゃない？

もしも大学受験で入学検定料が廃止になったら、「慶應は受けときたいな。かっこいいし」みたいな高校生が激増し、人気大学にはものすごい額のコスト負担が降りかかります。そうなれば大学側は慌てて「高校名での足切り」を始めるはず。地方での入試実施だって止めてしまうでしょう。そして高校生側には、「20校落ちた」とか「30校受けたのにどこも通らなかった」みたいな人が現れるのです。

大学受験がそんなふうになったらイヤでしょ？　学生から見たって、「応募者がコストを負担する方式」のほうが好ましいでしょ？　というわけで、就活市場をまともにする方法はとっても簡単。企業側が、大学と同じように「応募検定料」をとればいいんです。

そんじゃーね

（２０１2年12月1日掲載）

BUSINESS

「思考と分析」、その微妙かつ決定的な違い

今日は新刊『自分のアタマで考えよう』の発売日なので、「考える」ことについて書いてみます。「考える」とよく混同されるのが「分析すること」です。膨大なデータと格闘し、徹夜で分析をして「あー、よく考えた！」と言っている人がいます。たしかに思考の前段階として分析が必要となることはよくあります。でもこのふたつは違うことです。次の例を見てください。

インプット＝情報（データ）
・去年の市場規模　１００億円
・今年の市場規模　１８０億円

アウトプット
・市場規模は、前年比8割増となった
・市場規模は前年比8割増と、急激な伸びとなった

アウトプットのふたつの文章、びみょーな違いですよね。耳で聞いただけだと、違いに気がつかず、聞き逃してしまいそうです。でも、このふたつの文章は天と地ほどに違います。最初の文章は「分析の結果」を述べており、2番目の文章は、分析に基づいて考えたコト、すなわち、「思考の結果」を述べているんです。

最初の文章、「市場規模は、前年比8割増となった」は、誰が前年比を計算しても同じ結論に至ります。割り算を習ったばかりの小学生でも同じことが言えるでしょう。ここでは100億円と180億円という超簡単な数字で例示していますが、これがもし、徹夜が必要なくらい複雑で大量なデータの処理結果であっても同じです。

誰が分析するかによって最終的な結果が異なることがあるって？　それは、最適な分析方法を知らなかったり、計算ミスをする人がいるという話です。もちろん「より巧い方法を用い、より短い時間で分析が終わる」人もいるでしょう。でもそれらはすべて「分析の巧拙」の話であって、いずれにせよ「分析」の領域をでていません。

また、分析結果をグラフ化することも、思考ではありません。それは「分析結果のビジュアル化」に過ぎず、そのグラフは誰が作っても同じになります。

しかし、2番目の文章である「市場規模は前年比8割増と、急激な伸びとなった」という文章は、誰もがこの結論に到達するわけではありません。人によって言うことが変わりえるのです。

もしこれが、急速な拡大を続ける中国やインドの市場で、大半のモノの売上が前年比300%〜800%で伸びていたら、たとえ分析結果が同じでも、思考の結果は「市場規模は前年比8割増と、比較的低い伸びにとどまった」となるでしょう。もしもこれが「既存の売れ筋商品の改良版の発売により、昨年比で倍くらいは売れるかなーと予想されていた商品の話」であれば、「前年比8割増とやや低めながら、ほぼ予想通りの結果となった」です。

このように、分析の結果がまったく同じでも、売上を「500億円はいくだろう!」と予想(期待)していた人と、「50億円くらいかな?」と予想していた人では、思考の結果は180度、違ってくるのです。

つまり2番目の言葉を口にするためには、分析結果以外のことも「考えて」、自分で判断をする必要があります。これが「思考」です。別の言葉でいえば、アウトプットの2番目の文章には、最初の文章にはない「価値判断」が含まれているのです。そして**価値判断が含まれているということは、発言者が「自分独自の判断基準」を持っていることを意味します。**

「8割増加」という(誰がやっても同じになる)結果を、自分の基準に照らして「どう判断するのか?」という、個人の思考結果が言葉に反映されている。ここがまさに人間でなければ言えない部分であり、人によって結論が異なるところなのです。だからこの部分が言えなければ、「オレは考えた!」とは言えません。

もう一度、アウトプットのふたつの文章を見てください。

「市場規模は、前年比8割増となった」

「市場規模は前年比8割増と、急激な伸びとなった」

よく似た文章ですが、前者には「情報」しか含まれておらず、後者には「人間の考え」、「発言者の判断」が含まれています。この微妙ではあるけれど決定的な違いを理解し、常に2番目の言葉が口から出るまで考えていないと、単なる分析屋になってしまいます。

また、誰かと話をしている時に相手の言葉を注意深く聞いていれば、分析の結果しか話さない人と、自分が考えた結果を話す人がいることにも気づきます。

実は、私のブログをずっと読んでいる方は、既にこのふたつの違いを理解しています。なぜなら「ちきりんの日記がオモシロイ」と言っていただける最大の理由は、私が常に、2番目の文章を書いているからです。

「高齢者が○%増えています」「日本市場はこれから縮小します」「若年層の失業率は○%です」ではなく、
「若者、アウト！」(https://chikirin.hatenablog.com/entries/2010/02/14)
「300万円の住宅ローンの利子は○○万円です」「なんらかの理由で、その地域に35年も住めない可能性だってあります」「会社員の収入は、過去○年、伸びるどころか減っています」ではなく、
「10年以上のローンはダメです」(https://chikirin.hatenablog.com/entries/2009/10/16)

太字で示したブログのタイトルには、価値判断を含み、人によって異なる意見、すなわち思考の結果を表す言葉が使われています。このように私のブログには、情報や知識、分析結果だけではなく、「ちきりんの思考結果」が書かれており、読者が読みたいのは、その部分なのです。

誤解のないように。私が言いたいのは「ちきりんの考えが正しい！　すごい！　だから読者が多いのだ！」ではありません。そうではなく、たとえどんなに稚拙な考えであっても、どんなにぶっとんだ考えであっても、（誰がやっても同じになる）単なる分析結果なんかより、人によって異なる「誰かの考え」のほうが圧倒的におもしろいし、価値はまさにそこにあるのだということです。

「考える」という概念を正しく理解することは、思考力を習得するための第一歩です。最初のふたつの文章を（解説なしで）見た時に違いがわからなかったら、思考のスタートラインに立てていません。正しく考えるとか、巧く考えることの前に、まずは「考えるとはどういうことか？」を理解する必要があります。

というわけで、本日発売『自分のアタマで考えよう』をぜひお読みください！

そんじゃーね

（２０１１年10月28日掲載）

BUSINESS

「Aとも言えるがBとも言える」とか言う人の役立たなさ

私はブログやツイッターでよく、「あたしの意見はこうだ！」と強く表明します。それに対して、賛否両論いろんな意見が寄せられるわけですが、反対意見のうち、一番つまらないと思うのは、**「そういう場合もあるけど、違う場合もある」**とか**「人それぞれだと思う」「一概には言えないはず」**みたいな反応です。

ちきりんが「Aだ！」と言った時に、「いや違う、Bだ！」と言える人は、自分のアタマで考えています。単に結論が違うだけです。でもたいていの人は、そこまで言えません。自分は何も考えていないので、あたしが「Aだ！」と言った時、「いや、Aではない！」としか言えないんです。自分の意見がないから、他者の意見を否定するしかない。これもかなり恥ずかしいよねと思うけど、それでも意見を言わないのに比べたら、まだマシです。

一番つまらないのは、「Aとも言えるが、Bとも言える」みたいな言い方です。「それは、そもそも意見なの？」って感じです。そんなことなら何ひとつ考えなくても言えるし、5歳の子でも言えます。

「大企業が合う人もいるし、合わない人もいる」

「学校が役にたつかどうかは、人によって違う」

「そういう場合もあるが、例外もゼロではない」

そりゃーそうでしょ。これって、「未来は明るいかもしれないが、暗いかもしれない」ってのと同じです。「犯人は女かもしれないが、男かもしれない」とも同じ。事実上、何も言ってないに等しい。そんなことなら1秒たりとも考えずに言える。まさに思考しない人の典型的な発言です。てか、そもそもソレって言う意味ありますか？

これから「自分自身でしっかり考えていきたい」と思っている人は、こういう意味不明なコトを言う人にならないよう、よくよく気をつけましょう。

最悪なのは、「Aの場合もあるが、Bの場合もある」とか言ってる本人が、**「オレの意見は客観的だ」「自分は、『Aだ！』と言ってる人みたいに偏っていない」**などと勘違いしていることです。これ、本当にタチが悪い。それ、客観的なのではなくて、単に、**「決断できない人間である」「選べない人間である」「自分の意見を持てない人間である」**ってだけのことです。

自分の意見を持とうと思えば、しっかりと考える必要がでてきます。でも、「場合による」「例外はゼロではない」なんて、1秒も考えずに言えます。だから、モノを考えない人はすぐにそっちに逃げるんです。

よく覚えておきましょう。自分の意見を持つ人にしか、自分の人生は選べません。決められない人は、自分の人生を生きられないんです。そしてもちろん、仕事上で価値が出せたりするはずもない。

若い人が一生懸命考えて、「こうすべきだと思います！　だって、消費者はこれを求めているからです！」と言ってきたとします。

その案は稚拙かもしれないし、情報も未整理だし不足してるかもしれない。それでも、「そういう消費者もいるだろうが、そうじゃない消費者もいるはずだ」みたいなことを言う上司になるのは、ほんとーにやめたほうがいいです。

「Aとも言えるがBとも言える」みたいな言い方をする人の多くは、自分の意見さえ持てないくせに、「ちょっとだけ賢そうなことを言いたい」と思っています。

でもね。「場合による」みたいな言い方の問題に気がつかず、悦に入ってそんなことばかり言ってると、ほんとーに役立たない人になっちゃいますよ（と、ここまで書いても、このエントリに対して「そうも言えるが、そうでない場合もある」と言ってくる人が……3000人くらいはいそう）。

そんじゃーね

（2013年11月23日掲載）

BUSINESS

グローバリゼーションの意味

日本企業の課題としてよく指摘される、「グローバル企業への脱皮」。素材メーカー、電子デバイスメーカー、工作機械、自動車や精密機器メーカーなど、日本には商品を世界中に輸出し、売上の半分が海外市場という企業も少なくありません。しかし、これらの企業が「本当にグローバル企業か？」と問われた時、私たちは自信を持って「もちろん！」と言えるでしょうか？

日本企業の中には、海外でも名の通った有名な大企業でありながら、世界から本当の意味でのグローバル企業として認識されていない例が多々あります。なぜなら、そういう企業においてグローバル化しているのは**「技術と商品」**だけだから。反対にいえば**「組織と人」**がまったくグローバル化していないからです。

日本人男性だけで構成される役員会、日本人で固めた世界各地の現地法人の責任者、日本の本社だけで行われる社員研修に、日本人だけに適用される給与テーブルや退職金制度……たとえ世界中で商品を売っていても、たとえ技術が世界から賞賛されていても、組織は頑《かたく》なに「日本の男性だけ」で運営される。これをグローバル企業と呼ぶ人はいません。

日本企業が世界市場に出る時と、欧米企業が世界に進出する時の方法は大きく異なります。欧米企業は自社内に、世界各国にルーツを持つ社員を抱えているからです。移民や留学生を大量に受け入れている欧米先進国では、様々な国の人が暮らし、学んでいます。

そして企業は、優秀でさえあれば彼らを雇います。ビザ問題などハンディを乗り越えて欧米企業に雇われる移民や留学生は、その国の学生と比べてもとびきり優秀であることも少なくありません。

しかも彼らは、海外要員として雇われるわけではありません。その企業の基幹社員として雇われ、様々な経験を積みます。そしてある日、その企業が海外進出を検討した際には、極めて質の高い現地インテリジェンスを提供できる人材となり、その事業の責任者になったりするわけです。こうして欧米のグローバル企業は、世界各国で育った社員＝難なく現地語が話せ、現地の慣習に無理なく溶け込める仲間を、最初から組織の中に抱えています。また、進出国に詳しい人が社内にいなければ、外部から適任者を探してきて雇う場合もあります。

日本企業はどうでしょう？　彼らは世界のどこに行くにも、自分たちで出て行きます。自分たちとは日本人男性のことです。北米に、欧州に、中国に、中東に、まずは仮事務所を開き、次第に規模を拡大して駐在員事務所とし、さらに数年を経て、支店や現地法人に昇格させます。時には10年、20年をかけて、海外に（日本人によって）拠点を築くのです。もちろん相当の規模になるまで、それらの拠点のトップはすべて日本人です。現法が大きくなると若手社員を送り込みますが、それももちろん日本人男性です。**日本企業にとって「世界に進出する」とは、日本人男性を外国に送り込むこと**なのです。

ただ、この方法はお金がかかります。自社商品を買ってくれる国が10カ国あれば、それぞれの国に事務所が必要になるからです。しかし相当規模の大企業でも、アフリカの各国に自前の事務所を置くのは負担が大きい。そこで、日本には総合商社という業態が発達しました。各メーカーがそれぞれバンコクやジャカルタやマニラに人を送り込むのは効率が悪い。じゃあ、○○物産や△△商事が、これらの都市に事務所を開き、各企業はそこを通して商売すればよい、というわけです。

つまり総合商社は、「輸出メーカーの合同・海外営業事務所」であり、「輸入企業の共同買い付け事務所」です。彼らは、日本企業から海外支店機能のアウトソーシングを請け負って大きくなりました。欧米には日本の総合商社のような業態は発達していません。そりゃあそうですよね。彼らはアフリカに進出するならアフリカ人社員にその仕事を任せ、インドネシア市場を開拓するならインドネシアで責任者を雇おうと考えるからです。

でも日本企業には、「日本人以外は信じない」という大原則がありますから、下っ端のスタッフは現地人でもいいけれど、責任者は日本人でなければならない。だから自社で人を出せないなら、別の日本企業に委託するしかない。それが商社なのです。

『ブルー・セーター』(ジャクリーン・ノヴォグラッツ著/英治出版)という本には、白人アメリカ人女性が、アメリカで非営利ファンドを立ち上げようとした際、アフリカの社会や人を理解するために経験した様々な困難をどう克服したか、大量のページを割いて書かれています。

一方、アメリカに留学し、そのままアメリカで働いていたバングラデシュ人が、母国のバングラデシュで携帯電話事業を立ち上げた話を綴った『グラミンフォンという奇跡』(ニコラス・P・サバリン著/英治出版)という本には、その種の苦労話はまったくでてきません。この差が、海外に進出しようとする欧米企業と日本企業の間にも存在します。現地人のリーダーに任せればごくごく容易にできることも、日本人がやろうとすると桁《けた》違いのコストや時間のかかることがいくらでもあるんです。

日本の総合商社には、一流大学を出て厳しい就職戦線を勝ち残った精鋭たちが集まっています。しかし今や海外市場とは、アメリカやイギリスのことではありません。それは中東でありアフリカであり中国でありインドでありブラジルです。30歳に近くなってから、言語も文化もまったく異なる国に送り込まれ、そこからえっちらおっちら「海外市場について勉強しています！」的な日本人駐在員の出る幕が、本当にあるのでしょうか？　しかも欧米ならともかく、アフリカの国に10年単位で居住する覚悟が、彼らに（彼らの家族に）あるのでしょうか？　数年単位で交代などさせていたら、それこそまったくモノにならないのですけど……。

中東やアフリカを旅した時、旧市街の迷路の奥にある薄暗い小売店で、ニベアやネスレの商品を目にして驚きました。南米のジャングルの中の国境事務所脇にある売店の棚にも、ユニリーバやナビスコの商品がありました。「こんなところにまで商品を届けるなんてすごすぎる」と驚きました。

でも、今から考えればよくわかります。こういった企業は、そもそも自分の国（欧米）に留学してきた人、移民でやってきた人の二世や三世を、自分の国の人と同じように雇用し、訓練し、彼らに事業を任せています。

だから、アフリカの○○という国がそろそろ経済的に商売になるレベルになってきたとか、どこどこの国はまだ内戦中ではあるけど、こういう商品へのニーズがすごく高まっているとか、そういう情報がいち早く手に入るし、じゃあ実際に行ってみるかとなった際にも、「アメリカ生まれ・アメリカ育ちのアメリカ人」を送り込んで市場調査をやるより、よほど迅速に、正確に、リスクをとった判断ができるのです。

これからの時代、「すべての重要なビジネス判断は日本人で行う。そのために英語ができる人材を採用する。採用した日本人に海外経験を積ませる」などと悠長なことを言っていて、本当に間に合うのでしょうか？ **グローバリゼーションとは、日本人に英語を習わせることではありません。それは、世界の人を受け入れること。世界の多様性を受け入れること**を言うのです。

消費財メーカーが世界に出ていきたいのなら、世界の消費人口と同じ割合で多様な社員を雇う必要があります。その社員は、権限も持たず出世の可能性もない現地担当者ではありません。経営とビジネスのリーダーシップ・シェア、マネジメント・シェアを、世界の消費人口と同じ割合にする必要があるのです。

さらにいえば、日本企業がグローバル企業に脱皮できない理由は語学力ではなく、**「自分たちとちょっとでも違う者は、意思決定グループには入れたくない」というその偏狭さ**にあります。日本企業はよく、「自分が主人、外国人は使用人」という形で現地採用をやっていますが、「使用人として働きたい優秀な人」は存在しません。

だから彼らは、いつまでたっても海外で一流の人材を雇えない。その上、せっかく外国籍社員を雇っても彼らの価値観は一切受け入れず、「イヤなら出ていけ」とか「郷にいれば郷に従え」などと言っている。それって、**「自分たちと同化する気がないなら、仲間には入れない！」という宣言であり、「多様性の拒絶」**に他なりません。

結局のところ、多様性を受け入れるのは彼らのためではなく自分のためであり、そのために努力する必要があるのは自分のほうなのだということが、理解できていないのでしょう。多様性を受け入れる理由は人権問題でもＣＳＲ（企業の社会的責任）でもありません。それは成長のために不可欠な戦略なのです。

社員の英語研修なんていくらやってもグローバル企業にはなれません。「多様な価値観、自分たちとは異なる思考や経験を持つ人を、意思決定や組織運営を共に行う仲間として迎え入れること」、それができないかぎり、グローバル企業になるなんて不可能です。

そんじゃーね

（2010年4月7日掲載）

さいごに

最初に書いたように、この本は私が2013年末に自己出版した電子書籍『「Chikirin の日記」の育て方』がベースとなっています。書籍に関しては何年も前から、毎年のように「今年こそ電子書籍元年か？」と言われていましたが、2013年はそれが現実のものとなりました。2012年末に日本でもアマゾンがキンドル端末を売り出し、誰でも電子書籍を出版できるセルフパブリッシング・システムを提供し始めたからです。

それまでに何冊か「紙の書籍」を出版社から出していた私も、これを機に「自分で電子書籍を出してみよう！」と考えました。文章だけ書けば、レイアウトや構成も含め、きれいな電子書籍を作ってくれるサービスは存在しているのですが、最初の1冊については自分で全部やってみたいと思いました。本当に個人でもひとりで電子書籍が出せる時代がやってきたのか、確認したかったからです。

図表⑧　紙の本と電子書籍の印税

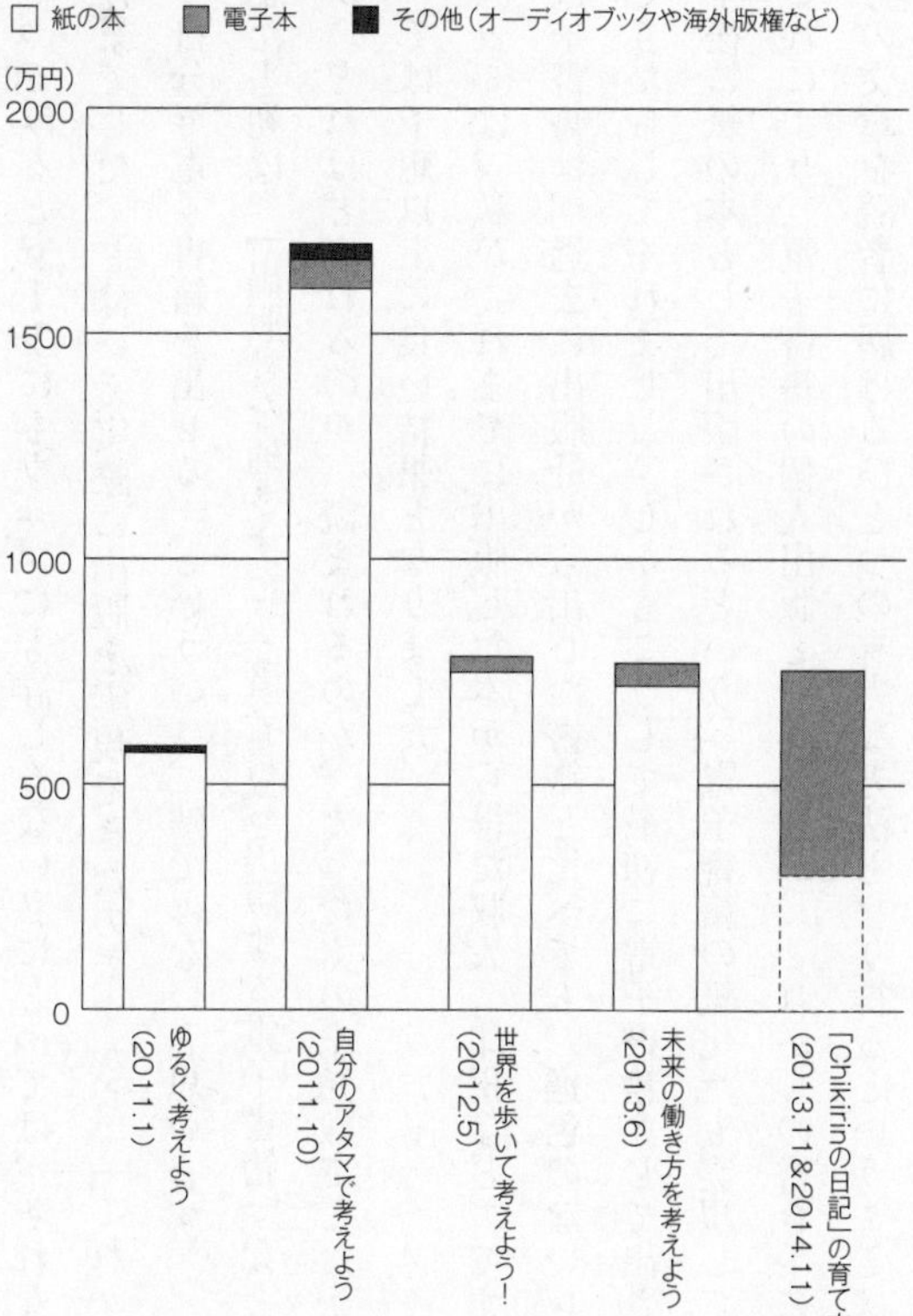

＊『「Chikirinの日記」の育て方』の紙の本の印税（点線部）は、本書の初版印税
＊すべて本書の初版出版時点での（2014年11月）数字

やってみると、ITにもウェブにも詳しくない私にとっては、それなりに大変な作業でした。とはいえ実際に出版を実現できたのですから、「これからは誰でも、自分で電子書籍を出せる」というのは、嘘ではないと思います。

また当初は、「出版社を通さずに、著者自ら出版する電子書籍」などというものが、どれほど売れるのか、読まれるのか、まったくの未知数でしたが、これについては予想以上に良い結果となりました。

図表⑧は、私がこれまでに出版した本から得た収入（印税など）ですが、今回の電子書籍は、過去に出版社から出した書籍と比べても、遜色のないレベルの収入をもたらしてくれました。しかもこうして最初に電子書籍として出された本が、1年後に紙の本として出版されるという「電子書籍の紙化」も実現しています。

これにより、電子書籍の個人出版という方法が、これからの書き手にとって、自分の文章を読者に届けるひとつの有力な方法となり得るということは証明できました。ただし、売上冊数（電子書籍の場合はダウンロード数と言います）は、今のところ紙の書籍の5分の1程度とかなり低いレベルにとどまっています（個人出版の電子書籍は印税率が高いため、部数が少なくても収入総額で比べると図表⑧のようになるということです）。出版社からの出版実績があり、多数の読者を持つ私でさえこういう状況ですから、知名度のない著者にとっては「電子書籍を出すのは簡単だが、売るのはとても大変」というのが現実だと思います。

とはいえ、電子書籍を読める端末を持っている人がまだ少ない電子書籍元年の2013年でさえ、これくらいの結果が得られたのですから、今後タブレットやスマホの普及率が100％になり、「本は電子媒体で読むモノ」という認識が広まった時には、電子書籍の個人出版は、著者にとって十分に意味のある市場になるでしょう。

それにしても私は今回、「紙の書籍」とか「電子書籍の紙化」という言葉を使っていますが、一昔前なら「紙の書籍」なんて言葉は、それ自体が意味不明だったはずです。この分野が変わっていくスピードは、これから加速度的に速くなるでしょうし、今はまだ予想もできないことが次々と起こるに違いありません。それも含めて、とても楽しみな時代になったと思います。

今回の〝紙化〟に当たって(!?)は、もともとのブログの運営記(裏を知る)に、ブログのベストエントリ集を加えました(表を読む)。これにより本書は私にとって、これまでのブログ活動の総集篇といった位置づけの本になりました。ブログを始めて10年という節目のタイミングで、〝ちきりん〟を丸ごと理解していただける本が出版できることを、とても嬉しく思います。

本書で初めて〝ちきりん〟を知っていただいた方も、今後はぜひ、ブログを読んでください。また、これまで長く「Chikirin の日記」を読んでくださっていた方には、心から感謝しています。皆さんのおかげで、今の〝ちきりん〟は存在しています。こんなふうに無名の書き手が見いだされ、注目される新しい時代を作っているのは、まさにそうした読者の方々の力によるものです。古くからのブログ読者の方には、そのことをぜひ誇りに思っていただきたいと思います。

これまでブログを読んでくださった方、そして、これから読んでくださる方、
すべての読者の方に、感謝を込めて。

ちきりん

特別対談

ちきりん×ｐｈａ

「日本一のニート」として有名になったｐｈａさんと、ちきりん氏。ブログ黎明期から活躍してきたふたりが「ネットで発信することの過去と未来」について語り合った。

「ブログ論」が不要になった

ちきりん　ｐｈａさんと対談するのは10年ぶり？

ｐｈａ　ですね。さっき当時の対談を読み返していたんですけど、あのころは2

人ともまだ、最初の本も出してなかったんですよね。

ちきりん　たしかにあの頃は、お互いネット上にしか存在しないキャラクターでした。今はｐｈａさんも私も何冊か本を出していて、これは過去10年で大きく変わった点かもしれません。

ｐｈａ　ブロガーから作家になるというか、本を出す人はとても増えたと思います。当時はそれがブロガーにとって、一種の成功イメージでもありました。

ちきりん　そこ、けっこう変わってきてると思いませんか？　今はブロガーとしての成功を、書籍出版などリアル社会に求める必要がない時代になりました。本なんか出さなくても、アフィリエイトとかオンラインサロンとか、ネット上だけでも稼げるようになったから。「ブログで有名になって本を出す」みたいなキャリアパスは、今でも存在はしてるけど、当時ほどメジャーじゃなくなった気がします。

pha　それは僕も感じますね。出版に頼らなくても、ネットだけでビジネスとして成立する道ができたからですかね。有名なウェブライターだと本を出すよりウェブの記事を書いたほうが全然稼げるだろうし、ユーチューバーなんかは独自の収益化の仕組みを作っちゃいましたしね。今は本もそこまで売れない時代ですし。

そもそも今は、ブログを含めネットで発信すること自体が普通になったというか、わざわざ語るものではなくなった感じがしますね。

ちきりん　そういえば当時は「ブログ論」みたいなものも盛んに議論されてましたっけ。

私がブログを書き始めたのが2005年、ｐｈａさんのブログはそれより数年早いくらいで、いわゆる「ブログの黎明期」。あの頃は多くの人が「ブログを書き続けることで生活や人生がどう変わるのか」熱く語っていました。

pha　10年前は「ブログを書けば、テレビや出版社などのマスメディアを通さなくても誰でも意見を発信できる！」というのがすごく画期的に思えていたんですよね。だけど今はそんなことは当たり前すぎてわざわざ言う価値がなくなってしまいましたね。

ちきりん　私もそう思います。2013年に「ブログ論の総集編」として電子書籍『Chikirin の日記の育て方』を出し、それがベースになってこの本、『自分メディアはこう作る！』になりました。でも今はもう、ブログ論を語る時代ではなくなったと思います。

オープンな世界からクローズドな世界へ

ちきりん ｐｈａさんはこの10年でどう変わったんですか？　当時はまさに「ネット時代の申し子」って感じでしたけど。

pha 前の対談のときは「インターネットはとにかくすばらしい！」という感じだったんですが、今はそんなにいいもんでもないな、と思うようになりました。10年前は「ウェブ2．0」という言葉が流行ったりして、「みんながネット上でオープンに情報を発信すれば集合知の力で世界はもっとよくなる！」といった楽観的な世界観があったと思います。

だけど今、誰もがネットで発信するようになった結果として、デマとか炎上とかクソリプとか、ネットのネガティブな面が増幅されるようになってしまった。思ったような理想的な未来にはなりませんでしたね。オープンなネットはいつも

殺伐としてるから、知り合いだけのクローズドな場所にこもる人も増えたと思います。

ちきりん　たしかに今はフェイスブックとかオンラインサロンとか、閉じたコミュニティでしか発信しない人も多い。これも10年前との大きな違いですね。

pha　僕も今、ｎｏｔｅ（編集注：コンテンツを有料販売できるプラットフォーム）というところで月５００円払った人だけが読める日記を書いているんですが、これが快適なんですよね。ツイッターに書くと面倒臭いことになりそうな、センシティブなことやネガティブなことでも、あまり気にせずに自由に書ける。昔の自分だったら、そんな閉じたところに書くのはつまんない、堕落だ、って言いそうなんですが。

ちきりん　私はそこはちょっと違うかも。ｐｈａさんより頻繁に炎上してると思

うけど、かといってネットにたいしてあまりネガティブでもないです。10年前のネットもバラ色だったわけではなくいろんな面があって、それは今も昔も変わらないかな。

pha　僕はネットの可能性を信じすぎていたのかもしれないですね。逆にちきりんさんは当時からオープンなネットにそんなに期待しすぎずに一定の距離を保っている感じがあって、それは正しかったのかもしれません。

ちきりん　それに私が閉じたサービスを使わないのは、ネットの文章は気軽に多くの人に読んでもらえることが価値だと信じているからでもあります。リンクをクリックしたら有料サイトだったというのは「がっかり感」が半端ない。だからできるだけオープンな場所で書き続けたい。

ブログと本。残るのはどっち？

pha　ちきりんさんがすごいのは、ずっとブログを書き続けていることですよね。僕は仕事で文章を書くようになってからは、ブログまでは手が回らなくてあまり更新しなくなってしまいました。

ちきりん　私も更新頻度はかなり落ちてます。というか、人気が出始めたころは「よし、今は『ちきりん』を育てよう！」と、かなり意識的にブログを更新してたんです。

でももうその時期は過ぎたので、今は「10年残るもの」しかブログには書かないようにしています。数年で価値のなくなるものはツイッターでつぶやけばいいと割り切ってる。

pha　10年残るものしか書かないというのはすごいですね。僕は大して残らな

いものばかり書いてる気がする。

僕が書いてる有料の日記は自分の日常を書いているだけなので、3年前の日記を見ると同じようなことを書いているんですよね。「だるい」とか「世知辛い」とか。だからちきりんさんのブログみたいな、何年も価値が残るような情報では全くないんですが、それはそれで読んでくれる人はいるんですよね。

ちきりん わかります。ｐｈａさんの日記を購読してる人って、「猫を飼ってる」のに近い感覚なのでは？ 「今日、ｐｈａさんは何をしたのかな？ 何を言ってるのかな？」って感じで、好きな猫の生活を覗くために年間６０００円の購読料を払っているのかも。

pha ファンクラブ的な面もあるかもしれないですね。それと僕がちきりんさんと違う点としては、「長く残したいものは本にしよう」って考えてるところかもしれない。ブログを含めネットにはあまり「残す文章」は書いてないかも。

ちきりん　そこはかなり違いますね。実は私には、「本が残る」っていう感覚が全然ないんです。だって本って残ります？

2～3年前に出した本でさえ、ふらっと入った書店で見つけるなんてほぼ不可能でしょ。たしかに本は紙だから物理的には残るけれど「人の目につく場所にあるか？　いつでも読めるか？」という意味では、本が「残るメディア」とは思えなくて。

pha　たしかに残るといっても、僕としては「読もうと思ったときに古本や図書館で読めたらいいか」くらいな感じですね。そういう意味ではネットのほうがずっと手軽に、かつ幅広く読まれやすいのかもしれない。

ちきりん　ブログはずっと前に書いた文章でも、継続的に読んでもらえ、感想をつぶやいてもらえ、シェアしてもらえます。本だけでなくツイッターやインスタ、

フェイスブックや有料サイトより遥かに「過去に書いたものが読んでもらえる」のがブログだと思うんです。だから私にとって「残したい文章を書く場所」としては、今でもブログが最適です。

pha　残ることに意味を見出してないとしたら、ちきりんさんはなぜ「本」を出すんですか？

ちきりん　自分の思想や考えをしっかり伝えられるからかな。本だと10万字以上を使って、構成も工夫してまとまった考えを完全な形で伝えられるけど、ブログで10万字も書くなんてありえない。そんなの誰も読まないでしょ？
でもたとえば『マーケット感覚』みたいな新しいコンセプトは、ブログだけで伝えるのは難しい。だから文字数が多く、構成をしっかり組める本で書く意味があると思っています。

ｐｈａ　なるほど。ちきりんさんのやり方は結構特殊な気がしますね。10年後も読み返されるような内容は、みんなブログではなくて本に書いてると思います。

ちきりん　そう言われて気づいたんですが、他の書き手の方は長く残したい文章はブログじゃなくて本に書いてるんですね！　なのに私はブログに「残る文章」を書いている。だから差別化できているのかも。

ｐｈａ　そうかも。僕らは本を好きすぎたのかもしれない……。

ちきりん　たしかに本なら10年前どころか、50年前のものでもおもしろい本、というか価値ある文章はたくさん存在しますよね。

でも本の形だと、古い本はなかなか掘り起こされないのがもったいない。星新一さんとか司馬遼太郎さんのようなクラスにならないと、本は書店には残れない。けどブログだったら、そこまでの大御所じゃなくても「いつでも取り出せる形」

で残せますから。

pha 本の中には面白いコンテンツがたくさんあるのに、ちょっと前に出た本ってすぐに全然読まれなくなっちゃって、もったいないですよね。新刊がそんなに動いてない本とかは、無料でネットに内容を公開しちゃってもいいのかもしれないですね。そうしたらグーグルの検索にも引っかかるし、それをきっかけに内容に興味を持つ人が増えて、本の売り上げにもつながったりするだろうし。

ブログ界でもピケティは正しかった!?

ちきりん 私のブログって、今でもかなり多くの人が古いエントリを読んでくれるんです。ツイッターのおかげでもあるんですけど、たまたま昔のブログエントリを読んでくれた人が、URL付きでその感想をツイートしてくれる。で、私がそのつぶやきをリツイートすると、ときには最近書いた新しいエントリよりよく読まれたりもします。

こうなると、すごく生産性が高いと思うんですよね。「書き続けないと価値が出せない」のではなく「過去に書いたもので今でも価値が出せる」わけだから。

ｐｈａ　毎日の発信というフローじゃなくて、過去に書き溜めたストックがものすごい価値を持っているということですね。

ちきりん　私にとっては「新しい文章を毎日書かないとフォロワーや読者が維持できないなんて、なんて非効率なシステムなの！」って感じなんです。

毎日書き続ける生活って、毎日働き続ける生活と同じでしょ？　私が目指しているのは「働かなくても食べていける状態」というか、「過去に書いて築いた資産を最大限に活用し、書き続けなくても価値が維持できるブログ」で、実際いまはそれに近づいてきたと感じてます。いわば「ちきりんシステム」というか。

pha ちきりんシステム！ それはいいですね。それはピケティとかいう人が言ってた話と同じなんじゃないですか。

ちきりん それ、働いて日々の給料を得るより、資産を運用してる人のほうが儲かるって話ですよね？ 「ちきりんシステム」はまさにそういう感じです。

pha ちきりんさんのように10年後もずっと読まれ続けるような記事を書くのはなかなか難しいかもしれないけど、ブログ記事をストックして過去記事に価値を生み出してもらうというのは、もっとみんなが意識してみてもいいアイデアかもしれないですね。僕も残すことを考えてブログを書いてみようかな。

有名人のためのネットから、みんなのためのネットへ

ちきりん　ｐｈａさんは今後、ネットの世界はどう変わっていくと思いますか？

ｐｈａ　10年前はブログとかツイッターが新しいものとしてもてはやされていたけど、今はユーチューブとかインスタグラムが人気ですよね。やっぱり文字を読むことからみんな遠ざかっていっているのかな。まあ、もともと文字を読む人っていうのはあまり多くないんでしょうね。

ちきりん　それ、文字が好きな私やｐｈａさんにとってはさみしい感じもしますけど、でも、選択肢が増えるのはすごくいいことですよね。新しいものが出てくると、いつだってみんなが飛びつくけど、実際にはそれが全員に合っているわけじゃない。

ウォークマンが出てきたときは、電車の中でみんな音楽を聞いてました。そんなに音楽好きじゃない人も、みんな音楽を聞いてたんです。でもそういう人はそのうち離れていく。

ブログも同じです。みんながみんな、人に読んでもらえる文章が書けるわけじゃない。そういう人はブログしかなかったときは苦労してたと思います。でも、文章は苦手だけどしゃべるのが得意という人は、ユーチューブが出てきて救われました。

長文は書けないけど、短文で気のきいたことが言える人はツイッターで救われる、おしゃれなお洋服が好きな人はインスタで救われ、メンタルは強くないけど、リア充で活動的な人はフェイスブックで居場所を作れる、みたいに、自己発信のツールが増えれば増えるほど、救われる人が増えるでしょ。

発信ツールの数、今はせいぜい20種類くらいですけど、もし200種類くらい発信ツールが開発されたら、もっとたくさんの人が自分を表現できるようになるんじゃないかな。

pha　それはすごく素敵な未来ですね。次の10年はそういう時代になってほし